KB270337

별미제주

제주시장 노닐기

별미제주

제주시장 노닐기

박현정 지음

버튼북스

저자의 글

낯선 곳을 알고 즐기는 방법은 그들의 생활 속에 뛰어드는 일이다. 제주는 특히 관광제주
와 생활제주의 차이가 크다. 6년 전 올레길을 걸으면서 이곳에 오랫동안 가려져 있던 비밀
의 화원이 있을 거라 감지했고 불편할 만큼 정직한 현지인들과 농업 하면서 생활의 꽃과
나무를 구경하게 되었다. 제주는 현실과 비현실이 10분 거리에 있는 특별한 관광지고 비
범한 생활 터전이다.

바람에 돌에 시달렸지만 결국 맑은 공기와 비할 데 없는 물을 선물하였다. 돌 고르느라 농
부 허리를 굽게 만든 징그러운 돌밭은 제주만의 풍경이라고 유네스코 등재를 앞두고 있고
척박한 땅에만 기댈 수 없어 바다로 뛰어든 해녀를 문화유산으로 남겼다. 작은 공간, 짧은
역사가 전하는 삶의 교훈들을 생활제주에서는 실천 중이다. 결국 같아지는 삶, 지금 지는
게 나중 이기는 거라고 92세 할머니 상인이 말한다.

시장은 현지인들이 모이는 곳이다. 다양한 생업을 하는 사람들이 각자의 물건과 집안 사정
을 서로 나누는 곳이다. 재래시장이 살아야 하는 이유를 제주만큼 잘 설명하는 곳도 없다.

곱게 화장한 판매원도, 계절 분간 안되는 냉난방도 없지만 그만큼의 가격을 뺀 거래가 이루어지는 보통 사람들의 삶의 기반이고 보통 사람들의 생활 수단이기 때문이다. 물려받은 땅 없는 사람도 이곳에 좌판을 깔아 가정 꾸릴 수 있고 빠듯한 살림도 이곳에서는 장바구니를 채울 수 있다. 제철 농산물, 근처에서 잡은 수산물, 현지 축산물 위주로 상품이 구성되다 보니 과도한 보관시설도 필요 없고 먼 길 운반하느라 에너지 낭비하지 않기 때문에 가격 싸고 충동구매가 없다. 소비자들은 합리적인 소비를 하게 되고 상인들은 자기 물건 팔아 그날 수입이 생겨서 좋다.(대형 회사에 납품하면 내 물건 주고 돈 받는 데 두 달이 걸린다.)

관광객에게 재래시장은 재료를 눈으로 확인하는 맛 기행이다. 현지 사투리를 원어민 발음으로 들을 수 있고 생활물가가 관광물가와 얼마나 다른지 알아채는 보람은 덤이다. 시간이 멈춘 간판, 세월 앉은 현지인의 얼굴 표정에서 우리가 잃어버린 것들을 찾는 순례 여정이 겹쳐지기도 한다. 할망, 어멍, 삼춘의 순박함과 정겨움이 돌담을 넘쳐 올레로 흘러 고인 제주의 재래시장, 제주의 만감이 그곳에서 반딧불처럼 빛난다.

박현정

나는 재래시장에서 나고 자랐다. 특급호텔에 식자재를 납품하던 부모님의 가게가 서귀포 시장에 있었고 그곳 주방장들과 친분이 두터웠던 언니가 싸주던 나의 학창시절 도시락은 그 시절 제주에서 언제나 화제였다. 사실 지금도 그 솜씨만한 음식 찾기 어렵다. 아무리 요리기술이 눈부신 발전을 하고 예술 같은 접시 그림을 그려내도 음식 맛은 여전히 사랑, 정성, 좋은 재료에서 나온다.

제주의 자연이 내 육체적인 유전자에 각인되어 있다면, 서귀포올레시장은 내 사회적인 유전자에 각인된 잊을 수 없는 장소다. 그곳은 내 정신적 탯줄이자 놀이터요 정보의 수원지이자 식량공급처였다. 제주올레 425킬로미터의 길을 내면서 되도록 매일시장, 오일장 등 재래시장을 경유하려고 애썼던 것도 재래시장이 지니는 서사적인 힘과 매력을 믿었기 때문이다. 재래시장에서 시작된 먼 기억 속의 제주미각으로 길을 낸 이유다.

그런데 나보다도 더 제주 재래시장의 멋과 맛에 홀딱 빠진 '육지 여자'를 만나게 되었다. 현지 농부들과 중산간에서 차茶 농사를 짓는다는 이 세련된 도시여성은 내가 아는, 심지어 내가 모르는 제주음식을 찾아내고 재래시장에서 그 맛을 찾아가며 현지인만이 알 수 있는 맛의 정서보 세주에 뿌리내리기 시작했다. 농번기에는 일꾼들 밥을 해 먹이고 농한기에는 마을잔치를 벌여 음식으로 현지와 동화되어가고 있었다. 자연스레 그녀의 일상은 동서남북마다, 마을마다 조금씩 특성 다른 제주 산물을 재래시장에서 찾아내는 일이 되었고 결국 푸드마일리지가 가장 짧은 신선한 식재료로 단순하게 조리하는 그 담백하고 건강한 제주 향토음식의 가치를 현지인만큼이나 잘 알고 있다. 무엇보다 재래시장에서 일어나는 현지인의 교감을 잘 이해하게 되었다. 결국 여행은 세상과의 따뜻한 교류다.

이제 제주에 오면 그녀를 쫓아서 제주시장 여기저기를 다녀보며 미각여행을 경험해보자.

서명숙

차례

일러두기

* 생생한 제주 시장과 제주 향토음식 묘사를 위해 저자의 표기법을 그대로 사용했습니다.

100년 오일장의 성장

1906년 관덕정(조선시대 제주도청) 앞마당에서 5일에 한 번 만나기로 한 도민들의 물물교환 장이 제주 오일장의 시작이다. 동트기 전에 막 젖을 뗀 새끼 돼지, 달걀 꾸러미를 등에 지고 집을 나서 곡식, 호미, 옷감과 바꾸고 국밥 한 그릇 먹고 돌아오면 하루해가 저물던 나들이가 오일장이었다. 동네 소식을 듣고 세상 물정을 배우고 멀리 이사 간 식구와 친구를 만나던 광장이기도 하다. 지금의 오일장은 관광객까지 가세해 하루 수만 명이 방문하는 생활 관광지가 되었다. 현재 정기적으로 장이 서는 오일장은 열 개가 남아 있다.

100년 오일장의 성장

1 / 6일
함덕오일시장

함덕 해수욕장의 인기는 날이 갈수록 높아진다. 일 년 중 가장 큰 제주 체류 외국인 행사를 비롯해서 함덕은 제주시민과 관광객이 늦봄부터 초가을까지 늘 북적이는 국제해변이다. 이런 인기 절정 관광 함덕과는 달리 정작 마을 중심부는 새마을운동이 막 끝난 동네다. 시장 와서 바짝 머리 깎고 생활 정비하는 노인들만이 이곳을 오간다. 영화 세트장 같은 오일장이다. 별관에 생긴 할머니 장터는 함덕 노인정 풍경이다. 해장 막걸리를 권하기도 하고 물건 사면 본인 간식까지 나눠주는 인정 장터다. 한가하니 소품도 보기 좋게 가지런히 진열해놓고, 맘 편히 지역 상인들과 대화가 수월하다.

제주특별자치도 제주시 조천읍 함덕16길 15-13

매월 1일 6일, 오전 5시~오후 3시

무료 주차 가능

제주에서는 낫을 호미라 하고 호미는 골갱이라 부른다.

할망 상인의 담 밑에서 키운 두불콩, 총천연색 야채씨, 직접 뜯은 한라산 쑥으로 만든 인절미.
간식거리로 싸온 감자 인정은 덤이다.

제주 사탕옥수수 4개 5천원

맨발을 보호하는 여름 덧신 천원

착용감과 보디라인 두 마리 토끼 잡는
정장 바지 만원

벌레는 맛있는 음식, 공해 없는 곳에 더 몰린다.
시골밥상의 상보는 성의 있는 상차림에 필수다. 7천원

1 / 6일
대정(모슬포)오일시장

제주특별자치도 서귀포시 대정읍 신영로36번길 65

매월 1일 6일, 상인 의지에 따라 자유로운 영업 시간

무료 주차 가능

물살이 세서 생선 맛있기로 소문난 모슬포는 돌 없고 기름진 대정 땅을 끼고 있어 오래전부터 큰 시장이라고 소문나 있다. 제주배추를 이곳에서 본격 생산하기 시작했고 국산 마늘의 주산 지답게 장날 활기가 넘친다. 식물이라면 지칠 법도 한데 마당 꾸밀 화초를 팔기도, 만원대 로 사치할 수 있는 아메리칸 스타일 순면 남방과 빅토리아 시크릿 풍의 속옷이 농어민들 을 유혹한다. 제철 생선의 다양하고 신선함이 돋보이는데 거칠고 아름답다는 그 바다 속이 궁금한 일반인 위해 낚싯대를 고루 갖춰 팔고 고쳐주기도 한다.

보람수산, 광주약초는 큰 오일장마다 만나는데 이곳에서도 열심이다. **#보람수산**은 형제가 이름 걸고 브랜드를 만들어가고 있고 **#광주약초**는 제주로 시집온 누나가 오일장 야채가게 28년 차라 그 옆에 약초판을 벌여 쉬는 날 약초꾼들 따라다니며 제주 약초 배우는 중이다. 운 좋으면 만나는 마술사는 바늘귀 해결사와 만능줄(다 이아몬드)을 판다.

외로운 농사일에 라디오는
세상 소식, 웃음, 가락을 선사하는 소리친구다.
비닐하우스 안에서 가지치고, 약 치는 날도
그 소리에 노고를 잊게 하는 아직도 반가운 선물이다.

인근 가게

보말칼국수로 장날 든든한 요깃거리를 담당했던 시장 앞
#옥돔식당은 제주 소개 방송에 나가면서 주인 걱정이 생
겼다. 손님이 줄 서니 조바심 나서 제맛나게 못 끓여낸다
고 한다. **#대정해수사우나**에 가면 기운찬 제주 부녀들의
휴식을 구경할 수 있다.
사우나 5천원, 목욕 포함 민박 2인 3만원

한국산이라고 자랑하며 파는 순면 100% 남방은 농촌 패션의 완성이다. 농부를 위한 옷을 만들어 팔다가 오히려 흙 구경 어려운 도시 학생들 마음을 사로잡게 된 미국 브랜드 아베크 롬비를 떠올리게 한다. 남성용 1만5천원 / 여성용 1만2천원

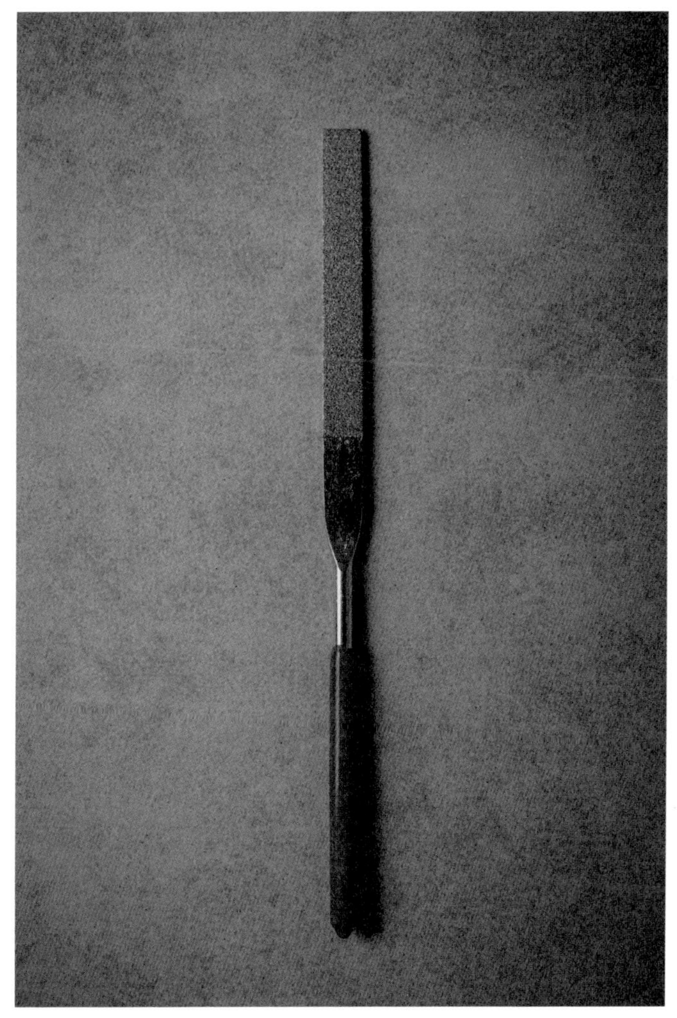

장날 재미로 나오는 마술사 상인의 주력 상품 다이아몬드 줄.
칼도 갈고 흠난 가구. 유리도 다듬는 만능이다. 7천원

오일장 공예 잡화의 명가 **#대건상회**의 창작 상품이다. 비료포대와 농약줄을
활용한 업사이클링 감귤 수확용 바구니. 1만5천원

흙과 바다를 동시에 견디는 젤리슈즈는 제주 생필품이다. 한때 흰 고무신, 검정
고무신 택1이었지만 이젠 해마다 유행에 따라 다양한 신이 쏟아져나온다. 5천원

Bananas
Bananas
중주 사과

100년 오일장의 성장

1 / 6일
성산오일시장

성산일출봉을 시장 배경으로 두고 있는 제주 일급 요지임에도 불구하고 관광객에 밀려 주민 삶이 사라진 이곳의 오일장은 상인들이 기분 내킬 때만 나오는 복불복 시장이다. 가게 평상에 누워 낮잠 자거나 마실 나온 기분으로 장사에 열을 올리지 않는다. 그래도 장날이면 성실히 출근해 천연염색 옷을 파는 가게가 있는데 일반 갈색 감물 염료 이외에도 다양한 천연염료로 현대인 생활에 맞게 디자인한다.

제주특별자치도 서귀포시 성산읍 성산중앙로37번길 6
매월 1일 6일, 오전 5시~오후 3시
무료 주차 가능

제주에서 천연염색은 취미나 예술이 아닌 생활이다. 감물 염료가 가장 보편적이고 여름철 강한 햇빛을 막아주는 갈옷을 지어 입는 전통이 있다. 7월 덜 익은 푸른 생감을 갈아 물을 들이면 무명 천이 선명한 갈색으로 변한다. 제주인이라면 '갈중이'라고 부르는 갈옷을 누구나 하나씩은 가지고 있다.

어지간한 과수 꽃과 열매를 다 떨어뜨리는 제주바람에 견딜 과일은
감귤밖에 없다. 현지인에게 오일장의 과일점은 육지에서 수입한 다
양한 과일을 선보이는 이국 구경거리다.

100년 오일장의 성장

2 / 7일
제주시 민속오일시장

제주공항 다음으로 많은 사람을 한곳에서 볼 수 있는 곳이다. 동문시장이 전문 상인, 이민자들의 상권이라면 제주시 민속오일장의 상인들은 제주 토박이가 대부분이다. 못 만났던 친구도 이곳에서 마주칠 때가 많다. 식품의 신선도가 사라진다는 5일을 주기로 장이 서고, 뭘 사고 싶어도 기다려야 하니 학생들 소풍날만큼이나 살림꾼들에게는 설레는 날이다. 현대식 마트에서는 기대할 수 없는 물건들이 많다. 여과 없는 제주햇살을 원천 봉쇄하는 모자, 입가리개, 토시가 일단 여름철에는 필수다. 장마철이나 흙길에는 장화 한 켤레 마련하면 요긴하게 신을 기념품 된다. 헬렌카민스키 풍 겨자색 밀짚모자 1만2천원, 강남스타일 패션 양말 5켤레 2천원, 집시치마 5천원이 우선 눈길을 끈다. 올해 유행 밀리터리 풍 몸빼바지가 남녀공용 5천원이다. 공항 상점에서 살 엄두 못 내던 제주애플망고 팟찌(비상품)가 1kg에 1만5천원, 쉰다리(곡물 발효음료) 만드는 밀누룩, 제주푸른콩, 명약 굼벵이, 무두질한 무쇠칼('김'이라는 제주 칼 브랜드는 이제 중국에서 모조품을 만들기도 한다), 할머니들이 텃밭에서 캐온 제철 채소, 고양이, 오리, 상추 모종, 감귤나무 묘목 등 제주 만물상의 지존이다.

제주특별자치도 제주시 오일장서길 26
매월 2일 7일, 오전 8시~오후 6시 반
무료 주차 가능

정작 제주인은 잘 먹지 않는 오메기떡 이외에도 막걸리 발효 보리 컵케이크, 제주 모시떡, 밥알 떡을 맵시 있게 빚는 **#제주어멍오메기떡**이 이곳에 전시 판매장을 두고 있다. 전국 약초꾼들이 트럭 타고 제주로 건너와 산야를 헤집고 다니기 이전부터 약초를 시작해 2대째 약초 가게를 운영하는 **#오일장담방약초**는 오일장 50년 역사 산증인이다. 그릇가게는 양은 주전자, 스테인리스 밥그릇부터 최신 주방도구에 이르기까지 대한민국 근대 살림살이 역사를 총망라하고 있다. 아침 안 먹고 나왔다면 튀김, 떡볶이, 도넛 메뉴로 늘 줄 서는 주전부리가게 **#땅꼬**에서 기름에 푹 담가 튀겨서 아낌없이 백설탕 뿌린 신선 도넛 하나 먹으면 장 보는 내내 허기지지 않는다. **#즉석참나무숯불구이김**, 제주산 잡곡 전문 **#유성쌀집**, 노부부가 제주산 팥을 직접 삶아 만든 **#할망팥빙수**도 그냥 지나칠 수 없는 곳들이다.

시장 한가운데 가장 좋은 자리는 60세 이상 할망들이 자릿세 없이 장사할 수 있도록 시에서 배려한 **#할망장터**다. 텃밭 야채, 산과 바다를 누비며 채취한 제철 산야초, 해초가 주 종목이다.

일과 놀이, 남자와 여자의 경계가 없는 제주 삶을 한눈에 볼 수 있는 곳이 오일장이다.
큰 조직의 부속으로 생계 잇는 사람보다 자기 삶을 자기가 주도하는 일인기업들이다.

인근 가게

집보다 밭에서 보내는 시간이 많다보니 집 단장보다는 밭 단장이 더 중요했던 제주 살림집에서 살레(부엌 찬장)는 가장 비중 있는 가구였다. 그릇, 반찬, 보리밥을 보관하던 살레를 **#오일장공예사**에서 구경할 수 있다. 구실잣밤나무를 손으로 일일이 깍아 옛 모습 살레를 그대로 재현해놓았다. 가래(재래종 호두)로 만든 장으로 공예품 공모대전에서 대상도 받은 제주 목공예 지킴이다.

꽃 피는 제주를 만들겠다 결심하고 사업을 시작한 **#신초원조경**은 17년 전 야생화 화원에서 시작해 지금은 1만1천 평의 하우스에서 모종을 길러 관급 조경 및 마을 단위 화단 공사를 거의 도맡아 하는 제주 환경미화 일등 공신이다. 못 구해주는 나무가 없고 정원 도면만 가져오면 제주 현실에 맞는 조경을 조언해준다.

#후레쉬제주 오메기란 '찰진 좁쌀'을 말한다. 찹쌀보다도 비싼 차조를 원료로 전통 오메기떡 맛을 재현한 진짜 제주 오메기떡을 살 수 있는 곳이다. 통밀과 통보리로 만들었던 목메일만큼 순박한 제주찐빵도 있다. 역시 정통 명품빵이다. 감귤빵, 우도몸빵, 쑥빵, 청보리빵, 밀팥보리빵, 밀보리빵 이름만 들어도 밭 매러 나간 어멍, 전복 따러 바다간 할망 생각이 절로 난다. 천연감귤아이스크림 보급에도 발 벗고 나섰다. 제주 간식 종합식품점이다. **#탐라국진상도야지**에서는 특수부위를 포함한 제주산 축산물을 상설할인판매한다.

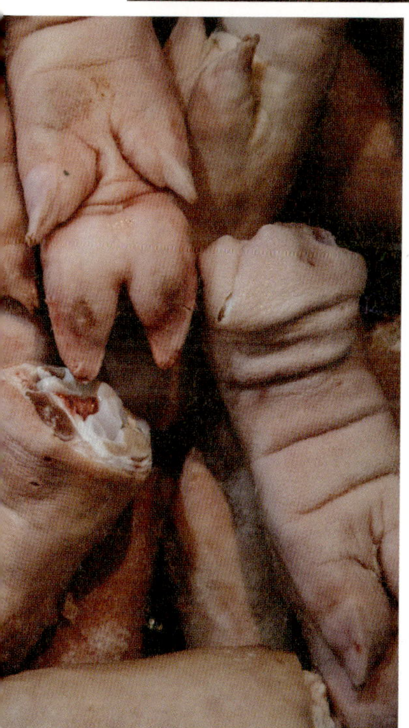

70년대 풍 알루미늄쟁반 천원 / 보리머핀 3천원

칼 브랜드 김씨 칼 6천원
전통주병과 잔 세트 6천원

오일장 패션 중 신발 다음으로
구색이 돋보이는 물건이 바지다.
실용적인 소재의 실루엣이
몸매를 완벽히 보완한다.

배기바지 5천원
밀리터리 풍 리조트바지 5천원
남성용 순면 카키바지 2만원

야외생활이 일상인 제주에서 장갑은 필수품이다.
모종용 천원 / 전정용 천원 / 등산용(골프장갑 겸용) 7천원 /
운전용 레이스 4천원 / 서늘한 팔 토시 4천원

100년 오일장의 성장

2 / 7일
표선오일시장

표선오일장의 아이콘은 야채 씨앗을 고운 주머니에 소중히 진열해놓은 씨앗 할망이다.
파종 시기, 파종법까지 지도한다.

당나라 때 제주 최대 무역항이었던 영광이 **#당케포**라는 식당 이름으로 남아 있는 표선은 2만 평이 넘는 백사장이 펼쳐 있는 남동쪽 제주의 허브다. 작아도 꼭 열려야 하는 표선오일장은 떠돌이 상인보다 토박이 상인이 많다. 주민의 대부분이 농산물을 길러 먹기 때문에 농산물 가게보다는 씨앗 파는 가게가 몬산토처럼 세력 있다. 파 대신 파씨를 팔고 상추 모종 대신 상추씨를 파는 곳이 본격 농촌 오일장의 특징이다. 밭일에 필요한 비옷, 장갑, 토시도 쓸 만한 것만 판다.

제주특별자치도 서귀포시 표선면 표선동서로 203-1
매월 2일 7일, 고정 영업 시간 없이 2~4시 폐장
무료 주차 가능

시장 물건을 차려놓자마자 첫 손님은 대개 경운기를 몰고오는 나이 든 농부들이다.

오일장 드라이브가 이들에게는 큰 기다림이다.

질세라 할망들은 유모차를 개조한 장보기 카트를 밀고 도착 순위를 다툰다.

작업용 장갑 천원 / 영농 장화 6천원

오늘의 날씨에서 제주 흐림이라면 비를 대비해야 한다.
동서남북 날씨가 다 각각이고 오전 오후가 천양지차일 때가 많다.
방수 아웃도어 세트 1만5천원

100년 오일장의 성장

3 / 8일
중문오일시장

오일장이 다른 지역보다 제주에서 활성화된 이
유 중 하나는 전통을 지킨다는 행정기관의 방침
보다는 조냥(절약)정신에 투철한 노인들이 건재
하기 때문이다. 먹거리 대부분을 텃밭에서 생산
하는 이들에게 시장은 공산품과 패션 백화점인
경우가 많다. 중문오일장은 아동복, 여성복. 남
성복, 아웃도어, 다채로운 속옷(D컵 여성 속옷
이 많다), 침구 등 패션과 잡화가 강세다. 수륙
양용이며 관리가 손쉬운 아메리칸 스타일 젤리
슈즈들이 만원을 넘지 않는다. **#들녁천연염색**
은 감과 쪽으로 물들인 고품격 자연주의 패션을
선보인다. 천연염색 여름요 10만원.
널찍한 공터에 텃밭 배추, 열무, 무, 계절 채소
들을 무심히 진열해놓은 할망 상점들은 어지간
한 설치미술보다 마음을 끈다.

제주특별자치도 서귀포시 천제연로188번길 12

매월 3일 8일. 오전 8시~오후 6시

무료 주차 가능

인근 가게

시장 앞 **#중문사우나**는 바다 전망을 자랑하는 게스트하우스를 겸하고 있다.
목욕비 포함 1인 2만원

김칫거리를 고르면 옆집 방아 기계가
그 양에 맞게 즉석 양념을 만들어준다.
열무 8천원 / 생고추 양념 6천원 /
절임용 소금 5백원(4인 가족 2주 분량)

남성 패션이 도시보다 자유로운 제주에서는
리조트 풍 잠옷 패션도 어색하지 않다.
면바지 1만2천원 / 반바지 6천원

유럽 디자이너의 크루즈 룩 못지않은
물빨래 여름 원피스 1만5천원

마로 만든 베개커버 개당 만원

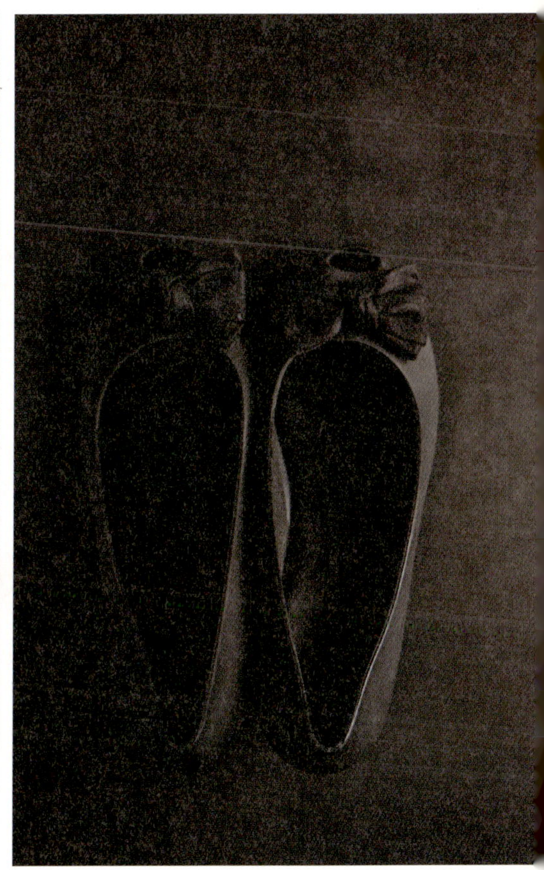

더치클로그 젤리슈즈 8천원 / 바닷물에서 여름내 놀아도 리본이 안 떨어지는 정장 젤리슈즈 5천원

햇빛과 바람이 좋으면 전기건조기도 필요 없다.
호박, 가지, 무, 허브, 각종 생선을 위생적으로 천연건조시키는 걸이망 6천원

청소하고 싶어지는 빗자루 6천원

100년 오일장의 성장

4 / 9일

서귀포향토오일시장

초
97654
미숫가루

풀 먹은 제주소를 비롯해 축산물이 특화된 오일장이다. **#서귀포육가공**은 제주축산물을 도매 가격으로 전국 택배 한다. 철물, 방앗간, 생활옹기, 포목, 약초가 눈에 띈다. **#천지수산**은 할머니들이 극성스러울 만큼 깨끗하게 손질해 말리는 제주잡어가 특별하다. **#엉또야채**는 형제가 나란히 야채를 파는데 이 집 누나가 재배하는 청견이 캘리포니아 오렌지보다 맛이 월등하다.

제주특별자치도 서귀포시 토평서로 11번길 150

매월 4일 9일, 오전 5시~오후 3시

무료 주차 가능

#김민수상회의 레트로풍 원단, 광목 카펫, **#아리랑건강원**(도라지효소액 1만5천원). **#천년도기**, **#한국약초**가 서귀포 오일장에 본부를 두고 있다.

망태기, 덕석 등 생활 민속품은 **#대건상회**에서 판다. 오일장날 특히 음력 정월이면 반드시 들렸던 제주인의 인생상담 점집(시장 배치도 21번째, 철학관이라는 분류로 당당히 입구 안내판에 올라가 있다)이 이곳에서 특히 성행했는데 이제는 할아버지 2명밖에 남지 않았다. 특별한 날 짜장면을 먹던 게 한국 정서라면 20년 전통의 **#짜장천국**이 실망시키지 않는다. 주말이면 모닝 짜장, 브런치 탕수육을 즐기는 가족들이 많다. 중국집, 순대국밥집 시장 내 어느 식당이나 여름이면 제주콩국수를 시작한다. 서귀포시 향토오일장 식당 상인들이 단합해 결정한 창의시스템이 있는데 어느 식당을 가도 테이블에 화투장이 붙어있고 테이블 번호로 통용된다.

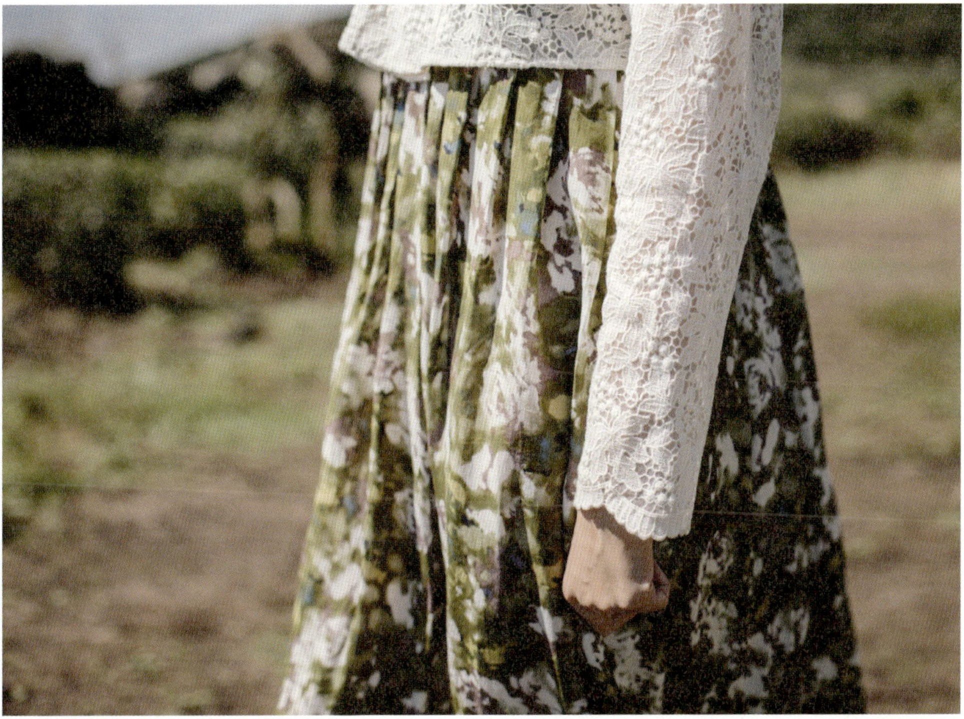

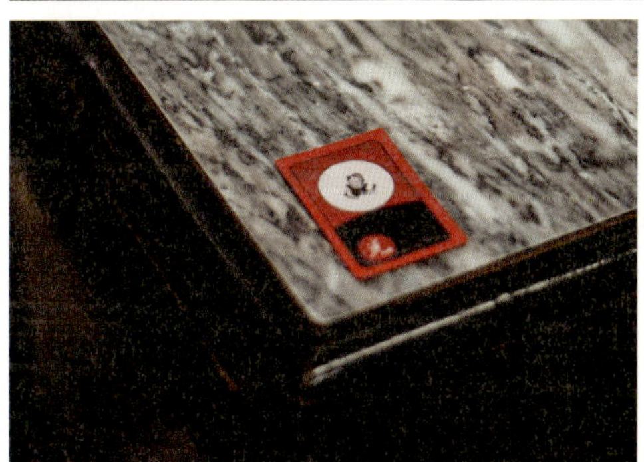

식사류
순대국밥
5,000
육개장
6,000
특별메뉴
미니탕수육
6,000
탕수육
10,000
짜장천국
(회성루 2호점)
돼지고기(제주산), 배추, 무(국내산),
고춧가루(국내산 + 중국산)

점 철학부
참마
長麻
참마

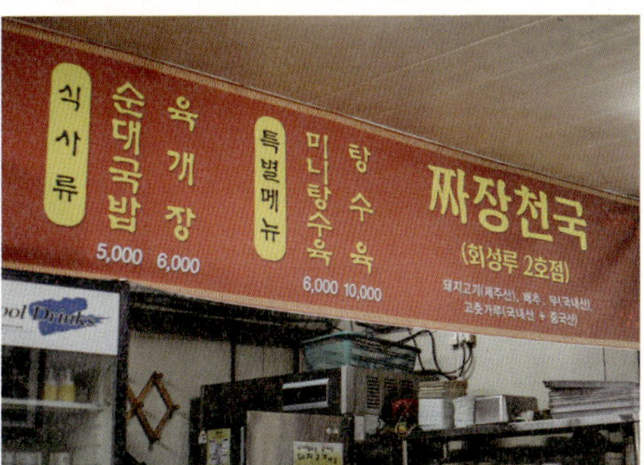

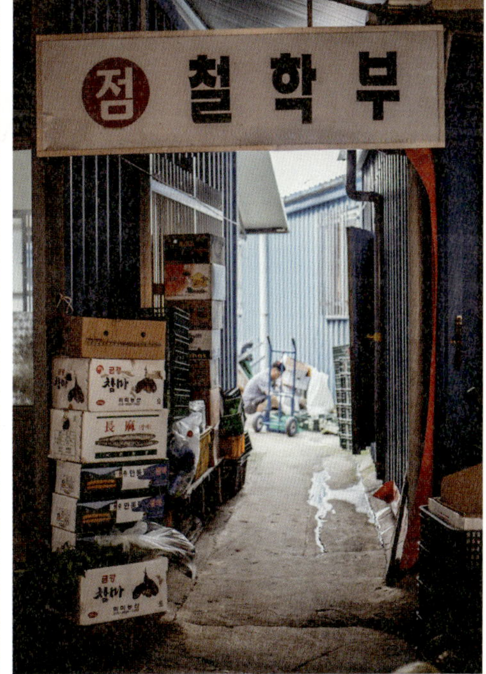

100년 오일장의 성장

4 / 9일
한림민속오일시장

아이들에게도 오일장은
신비와 모험의 세계다.

북제주의 대표 어장 한림은 풍요롭고 개방적이다. 이곳도 역시 읍내는 농협 하나로마트가 대세지만 오일장에서만큼은 정장 차림으로 경운기 몰고 오일장에 와 막걸리에 해물전을 시켜 먹는 멋쟁이 할아버지 모습을 볼 수 있는 오래된 사진관 같은 곳이다. 오메기술을 직접 담가 파는 식당에서는 요긴한 제주관광안내지도를 주기도 한다. 한가한 이곳이지만 해산물만큼은 전국 어디고 택배 가능한 신선 신속배달 체계를 갖췄다. 공구 낚시용품도 경쟁력 있다. 제주토종 시금치씨앗을 파는 씨앗가게, 제주검은모밀차를 볶아 파는 가게 등 갈 때마다 바뀌는 제철 물건 찾는 재미가 크다.

제주특별자치도 제주시 한림읍 한수풀로4길 10

매월 4일 9일, 오전 6시~오후 5시

무료 주차 가능

오일장날마다 정장 차림으로 혼자 나와 세상 둘러본다는 한림 토박이 할아버지.
영정 사진으로 쓰겠다며 기꺼이 모델 서주신다.

서로 없이 농사도 없는 농부 부부는 늙을수록 다정하다.

제사상에도 잔칫날에도 제주에서는 소고기 대신 돼지고기가 올라간다.
장날 잘 삶은 돼지고깃집을 그냥 지나치기 어렵다.

병원이 멀었던 탓도 있지만 지금도 시골에서는 오래전부터 내려온 민간요법을
시장 상인이 처방한다. 제주인들의 오랜 지혜인 자연에서 얻은 치료법을 들을 수 있다.

100년 오일장의 성장

4 / 9일
고성오일장

고향이 대전인 남편은 솜씨 좋은 대장장이다.
시장이 닫는 날도 나와서 일을 한다.

제주특별자치도 서귀포시 고성오조로 93
매월 4일 9일, 오전 5시~오후 3시
무료 주차 가능

성산 일대에서 성산오일장 대신 종합시장 역할을 하는 주민형 시장이 고성오일장이다. 다채로운 건어물, 생선, 생닭, 씨앗, 야채, 곡물 등 주로 동네 제철 산물들이 옹기종기 펼쳐진다. 슬로푸드 맛의 방주(국제슬로푸드한국협회)에 등재된 토종 콩인 제주푸른콩 상인 할망의 자부심만큼이나 이곳 고성오일장은 한발 더 나아간 지역 산물 중심 시장이다.

좀 비싸도 제주잡곡만을 취급한다는 자부심 있는 삼춘이다.
제주푸른콩을 비롯해 토종잡곡들이 다양하다.

일과 놀이에 빠져 있는 제주남자들에게 말을 걸면 제때 답 듣기 어렵다.
물건 산다고 해도 마칠 때까지 잠시 기다리라 하는 경우도 있다.
손님이 왕이라는 상식이 무색하다.

개성존중, 체형보완, 경제사정 세 마리 토끼를 잡는 오일장 패션은
실제 사서 입어보면 더 진가가 빛난다.

100년 오일장의 성장

5 / 10일
세화오일시장

제주 동쪽 바다 경관길에 위치한 세화오일장은 날씨 좋은 날이면 실컷 이국 바다 구경하며 장 볼 수 있는 리조트 전망을 제공하는 곳이다. 유난히 희고 고운 모래사장에 투명한 물이 들락날락하는 온순한 해수욕장이어서 그런지 하늘이 유난히 크게 보인다. 거창하지도 초라하지도 않은 동네 장터이나 농사짓고 물질하는 데 필요한 도구, 잡화, 생필품들을 고루 갖추고 있어 해안가 마을의 생활제주상을 한눈에 볼 수 있다. 제주시 민속오일장, 대정오일장과 더불어 3대 오일장이라고 장날을 기다리는 주민들이 극구 주장한다.

제주특별자치도 제주시 구좌읍 해맞이해안로 1412
매월 5일, 10일, 오전 5시~오후 5시
무료 주차 가능(무료)

함양사과
수동원과수영농조합법인
TEL.(055)963-7244

특히 비가 오면 더 붐비는 이유는 양철지붕으로 떨어지는 빗소리 들으며 아침 해장국(주로 1992년부터 시장 순대국밥을 팔던 **#그때그집**에 간다)과 소주 마시는 행복감 때문이다.(진짜 이유는 날 맑으면 밭일 나가야 하니 오일장에 앉아 술잔 기울일 시간이 없다.)
유쾌한 입심의 사장님이 호객은 안 하고 음식 나르느라 바쁜 **#만남의광장**에서는 특히 주말과 오일장이 겹치는 날이면 온 가족 출동하여 모듬튀김 브런치로 잠을 깬다. 더불어 비빔국수, 냉국수의 인기로 항상 줄이 길다.

인근 가게

#해녀박물관(돌문화공원. 제주국립박물관과 더불어 필수 방문지다)을 방문하고 시장 오면 마을의 변화가 보여 더 재미있다. **#그때그집** 돼지국밥 5천원 / **#만남의 광장** 대표 메뉴인 비빔국수 5천원

오일장 어린이 먹방은 튀김에서 시작한다.
제주오징어튀김은 생오징어를 사용한다.

해녀에게도 본격 물놀이하는 상급 관광객에게도 필요한
오리발 2만원 / 해녀 수경 1만8천원

얕은 바다에서도 쉽게 딸 수 있는
보말(바다 고동)은 바닷가 할망들의 소일거리다.
한 바구니 2천원

사철풀을 먹고 풀어놓아 키우는 닭이
제주에는 많다.
계란도 대부분이 친환경이다.

도심형 매일시장

도심형 매일시장

서귀포 매일올레시장
: 생활형 관광시장

시장 용어로 오일장의 반대말은 매일시장이다. 매일 시장문을 열 정도면 제법 큰 읍내다. 제주시 다음의 도시인 서귀포시는 70년대 우리나라 국민소득 1위의 부촌이었다. 한편 감귤값이 그때나 지금이나 크게 다르지 않아 생활상도 그 당시와 큰 차이 없는 긴장 없는 도시가 바로 이곳 서귀포 구도심이다. 시장 찾는 인구도 크게 늘지 않아 고심하던 차에 올레길이 뚫리고 게다가 이곳 시장을 관통하는 바람에 최근 급격히 활발해져서 전국 1,400개 전통시장 중 최고 등급 시장에 뽑히기도 했다.

뉴욕 첼시마켓의 서귀포 버전이다. 인공 시냇물, 연못, 조형물, 쉼터를 설치한 준비된 관광시장이다. 주차장과 시장을 연결하는 회골목의 활어횟집들은 꽁치김밥, 자연산돔모듬회(참돔＋벵어돔＋따돔), 황제라면, 갯돔매운탕, 문어숙회 등 각자 개성 있는 메뉴로 승부한다.

제주특별자치도 서귀포시 중정로 73번길 22

개장시간 오전 7시~오후 9시

주차장 있음(30분 무료)

#민희떡집은 비행접시 같은 제주손송편(1되 2만원) 전문점이다. 솔절편(제사떡), 기증편(막걸리 떡)도 자랑이다. 어지간한 떡집처럼 이곳도 미숫가루, 날콩가루, 메줏가루, 누룩가루 심지어 누룩 만들 때 필요한 통밀도 빻아준다. 제주 국요리에 빠지지 않는 콩가루와 메밀가루, 한라산 호기분 말(표고버섯가루), 보리미숫가루는 어느 상점이고 신선하다. 깨끗한 음식이 철학인 **#천연김치**는 20여 종의 김치도 맛깔스럽지만 제주산 갈치젓, 꽃멸치젓, 자리젓을 전국 택배 하느라 분주하다.

#영주참기름집의 즉석 선식은 재료를 눈으로 고르는 안심까지 더했다. 제주는 국산 콩의 8할 이상을 생산하고 청국장, 유부, 순두부, 콩물까지 콩 제품도 다양하다. 많은 전문점이 아직도 성행하고 **#털보두부**가 특히 열심이다.

#불로초장터는 온갖 튀김(한 개 5백원)과 전만 파는데 오직 카놀라유(유채기름)로만 요리한다. **#그때그집**은 제주 어디 가도 맛있는 돼지순대지만 22년 세월로 더욱 각별하다. 양식장을 직접 운영하는 **#제주광어직판장**은 회덮밥, 광어 초밥, 매운탕을 점심 메뉴 5천원에 판다. 찐 고구마, 상애떡 (누에 모양 찐빵)이 행인의 주전부리로 흔히 보이고 떡볶이, 튀김만두, 김밥을 한 접시에 비벼주는 '모닥치기'가 주머니 가벼운 젊은 연인의 순정 메뉴다. 아침밥 못 먹고 나온 상인들 을 위해 집밥 차려주는 **#금복식당** 보리밥, 비빔밥은 직접 담 근 장류가 반찬 맛의 비결이다. 널찍하고 깨끗한 식당 밥을 세상 봉사하는 마음으로 백반 한상 3천원에 판다. 집간장, 된장, 고추장은 전국 택배 한다. **#신혜숙수예점**은 제주 근대 화의 선두주자 이시돌목장에서 생산하던 아일랜드식 양털 스웨터를 재현했다. **#경희한복**의 어린이 갈옷 원피스는 여행 온 아이에게 주는 제주의 여름 선물이다. 전기제품(전기밥통 과 전기 모기채가 인기다), 만물상회(저울, 우의, 등산용구), 옷 가게, 신발가게, 불교용품, 건어물, 채소, 고추 양념, 야채 씨앗(부지런한 할머니들은 종자보다 씨앗을 산다) 등이 고루 갖춰있어서 생활시장으로도 손색없다. 한복가게들은 휴가 철에는 가게 앞에 관광상품 내놓고 파느라 바느질할 시간이 없지만 한가할 때 천을 가져다주면 한복 한 벌 6~8만원에 맞춰 준다.

갈치+고등어
30,000
갈치회
따돔
1Kg
35,000
돔
소 20,000
대 30,000
오늘의스페셜
자연산 국내산 국내산
광어+우럭+고등어
大 50,000
中 30,000 갈치
제주산 돔 스페셜
참돔+뻉어돔+따돔
(자연산)
50,000원

아일랜드 스타일의 수직 스웨터

마른 먼지 쓸어내는 미니 빗자루 천원

명품 청보리 막걸리 7천원

농촌 부녀회 사업으로 시작한 감귤과즐은 이제 제주 대표 스낵이 되었다. 한 봉지 5천원

동문시장
: 제주 최대 종합시장

1945년 제주상업의 근거지로 출발한 **#동문재래시장, #동문공설시장, #동문시장 주식회사, #제주동문수산시장** 4개의 시장을 통칭 동문시장이라 부른다. 제주의 관문인 제주항과 관덕정(조선시대 제주도청) 사이에 자리 잡고 있으며 사람과 물건이 모이던 역사가 지금도 이어지는 곳이다. 제주 최대 생활시장이 지금은 하루 방문객 1만 명을 맞는 관광시장으로 변모하고 있다.

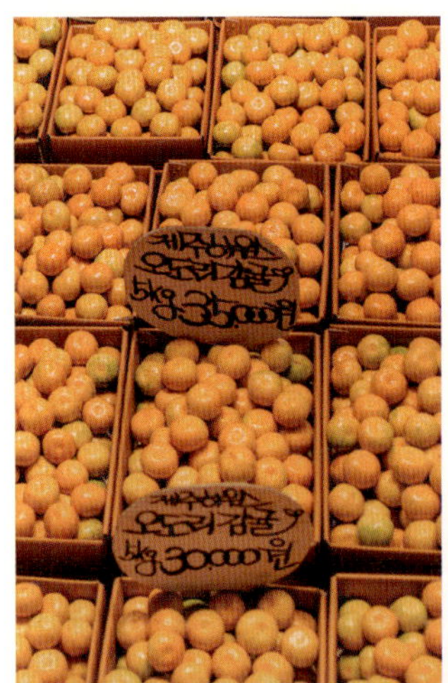

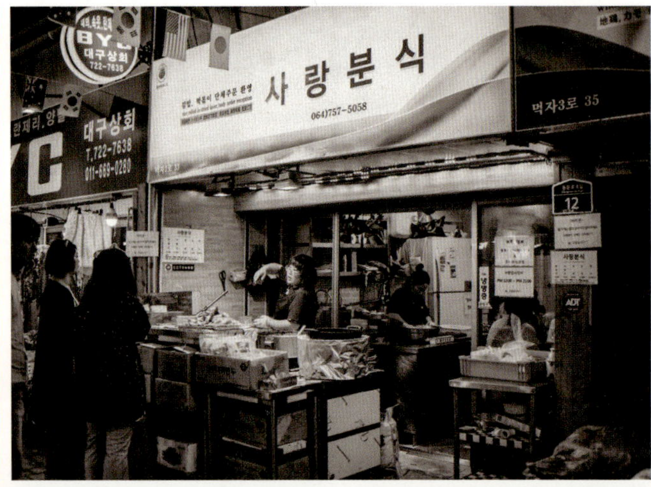

제주하우스
오도리감귤
5kg 35,000원
제주하우스
오도리감귤
5kg 30,000원

BY
대구상회
722-7638
사랑분식
064)757-5058
먹자3로 35
대구상회
T.722-7638
011-669-0280
12

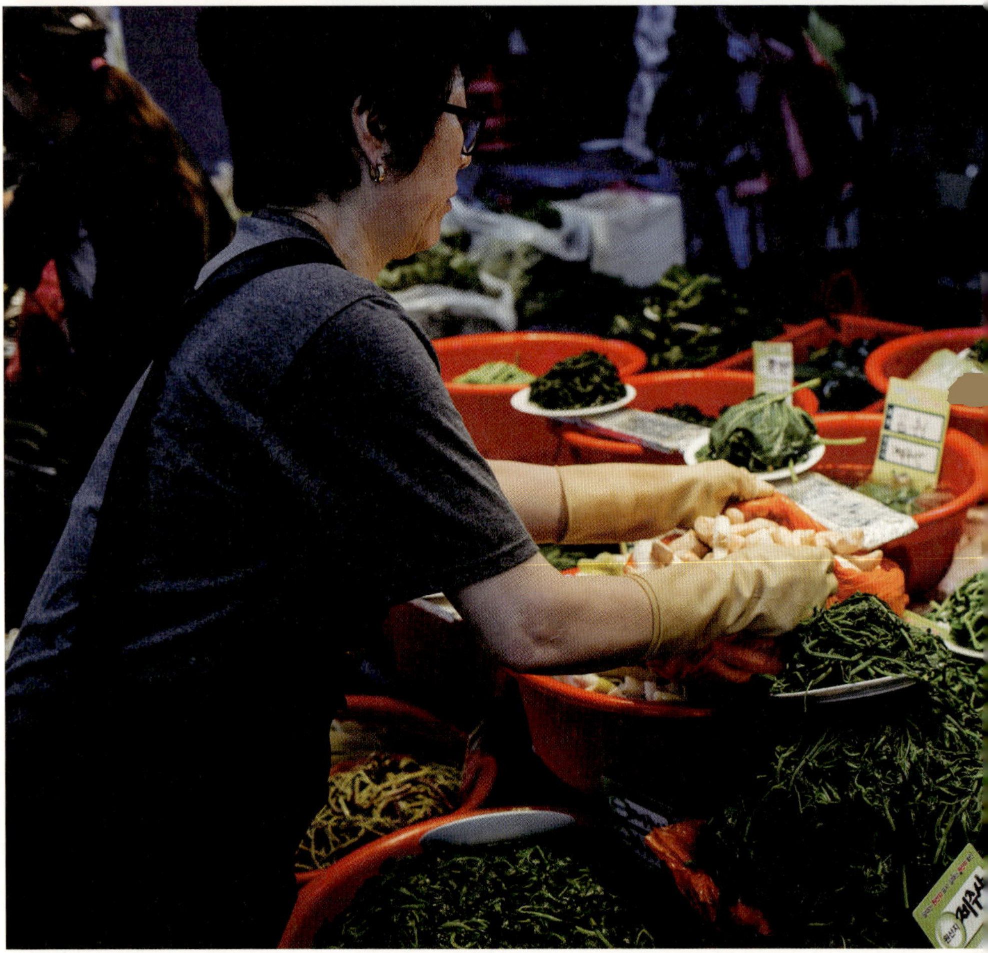

#동문재래시장

동문재래시장에는 제주전역의 식자재가 다 모인다. 사철 감귤류가 오렌지빛 전구처럼 시장 입구를 환히 밝히며 제철 야채, 다양한 잡곡, 오늘 도축한 축산물, 건어물, 공산품을 물가 시름 잠시 잊게 하는 값에 판다. 장 보기에 빠질 수 없는 분식집, 국수집이 곳곳에서 발을 쉬게 해준다. 제주여고생들은 **#사랑분식**에서 추억을 쌓고 장 보러 나온 엄마들은 **#188국수집**을 꼭 들른다. 팥국수, 콩국수 8천원. **#광명식당**은 실향민이 보증하는 찹쌀순대와 머리고기가 대를 물려 맛을 보존하고 있다. '순대란 무엇인가'에 대한 모범답안이다. **#장춘식당**, **#또와식당**도 결코 뒤지지 않는 순대정신의 보유자들이다. 40년 이상 영업한 토박이 업소 중 **#유성식당**은 멸치국수, 새끼회(애저 물회)를 비롯한 제철 향토음식으로 오랜 단골들이 모인다. 제주에서 국수가 유명한 이유는 연수(화산수)로 반죽한 면 제조 전통이 있기 때문이다. 60년 넘게 시장에서 국수 면을 팔던 **#한성국수공장**에는 역대 기관장 표창장, 낡은 기계가 무심한 세월을 덤덤히 지키고 있다. 시장 상인들의 하루 피로를 풀어주는 제주 1호 목욕탕 **#동천사우나**가 시장 입구에 있다.

제주특별자치도 제주시 제주시 동문로 16   개장 오전 8시~오후 7시   무료 주차 가능(30분)

#제주동문수산시장

제주는 물살이 급하고 완만한 바다, 뻘이 넓고 좁은 해변이 장단강약의 병풍처럼 둘러쳐 있어 수산물이 다양하다. 바지락에서 군소까지, 미역에서 몸까지, 멸치에서 갈치까지 크기, 맛, 질감 다른 제주 해산물을 이곳에 오면 한번에 구경할 수 있다. 비행기 타야 하는 생선 포장 솜씨도 면세점보다 완전 무결하고 택배서비스도 차질 없다. 숙소에 가서 회로 배 채우고 싶은 관광객을 위해 테이크아웃 회를 파는데 맥도날드보다 편리하고 수족관에 놀고 있는 활어보다 더 식감이 좋다. 제철 회 한 접시 1만원대이고 오후 8시 이후 할인이 시작된다.

제주특별자치도 제주시 관덕로 64-1

개장 오전 8시~오후 10시

무료 주차 가능(30분 무료)

#제주동문수산시장

제주산
함등회
₩ 10,000
제주산
갈치회
₩ 10,000
제주산
광어회
₩ 10,000

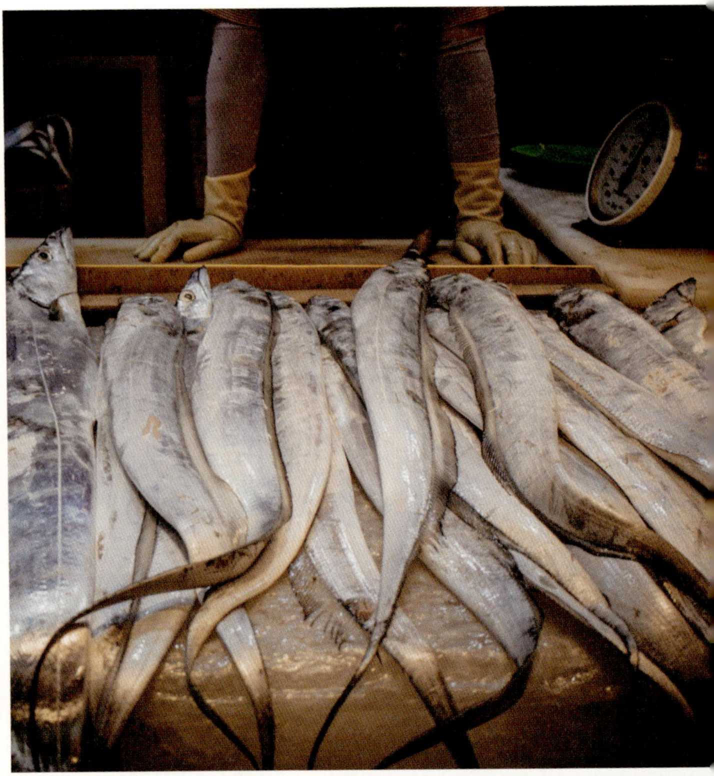

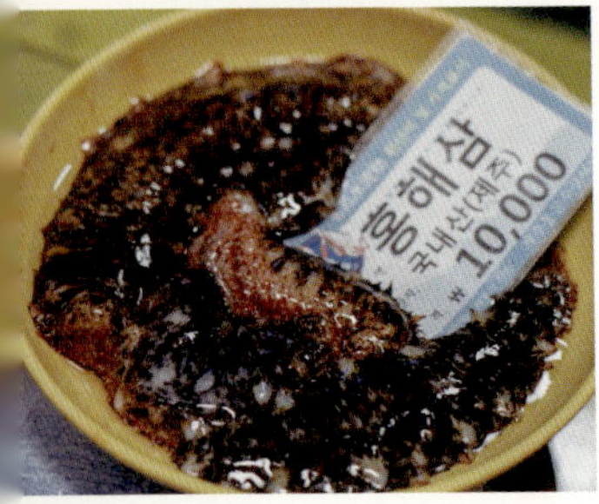

시장 외식에 손색없는 **#동문공설시장**은 푸드코트다. 요리할 재료를 가까이서 가져오니 신선하고 저렴하다. 기교 맛을 생략하고 재료 맛으로 서비스하니 어느 집을 가도 낭패는 없다. 제주돼지 수육인 돔베고기(삶은 고기를 두툼히 썰어 나무도마에 올려준다)와 활어회가 관광객에게도 현지인에게도 인기다. 담백한 제주소, 말고기도 구워 먹을 수 있다. 한라산소주와 제주막걸리를 곁들이면 제주 맛이 더 난다. 고등어회 1만5천원, 추가찌개 3천원이다.

낚시로 잡은 은빛 찬란한 통갈치구이 5만원

제주특별자치도 제주시 동문로 4길 9

개장 오전 8시~오후 10시

무료 주차 가능(30분 무료)

#동문시장주식회사

지금도 한복을 맞추고 이불을 하려면 제주여인들은 동문시장으로 나선다. 고가 명품시장 상인들의 자부심이 지금도 남아있다. 육지에서 수입한 천으로 혼수를 맞추고 부잣집 서양식 커튼을 만들던 한때 패션리더들이 수십 년 전 가격으로 맞춤옷을 지어준다. 바느질하느라 자리 뜰 새 없던 상인(겸 바느질 장인)을 위해 혹은 기다리는 배고픈 손님 위한 제주에서 가장 오래된 국수 골목이 시장 한편에 남아있다. **#금복식당** 94세 창업주 할머니가 테이블도 치우고 물도 나른다. 맘에 드는 천을 사서 **#대림한복**으로 가져가면 원하는 디자인 한복 한 벌 6만원에 맞춰준다.

⊙ 제주특별자치도 제주시 동문로16
⊗ 개장 오전 10시~오후 9시
Ⓟ 무료 주차 가능(30분 무료)

효순상회
☎722-3668
019-722-7133

HAlla BonG
ARt CandLe
₩ 6,000

인근 가게

동문수산시장 건너편 **#중앙상가**(중앙로 골목상권)에는 현지인에게 사랑받는 오랜 식당들이 많다. 제주 잔칫집에 빠지지 않던 메뉴인 접짝뼛국, 몸국은 **#자연몸국**이 제맛이라고 한다. 메밀가루를 풀어 농탁 하면서도 개운한 맛이 특징이다. 물론 밑반찬, 김치, 장, 젓갈, 장아찌 직접 만든다. 닭 대신 꿩으로 특별식 만들던 메밀 꿩요리 **#골목식당**은 20년 단골들이 많다.

시장 건너편 제주의 대표 골목 상권인 **#칠성로상가**는 천장에 별이 빛나는 현대식 상가다. 대형 패션 브랜드들이 제주 상륙 시 첫발 디뎠던 곳이고 최근 젊은 이주민들의 센스 있는 상점이 하나둘 문을 열고 있다. 1945년 문을 연 제주 최초의 서점 **#우생당서점**이 여전히 제주문학을 지키고 있고 이주민 가게 **#아일랜더**에 들르면 맘에 쏙 드는 제주관광기념품 고르는 데 문제없다. 독립출판 서점 **#likeit**에서는 마이크로 전시를 열기도 한다.

#미도락의 손으로 썬 메밀칼국수는 국물 한 방울 남기지 않고 먹게 되는 마법국수인데 평범한 비빔밥도 이곳에서 더 맛있는 이유는 고추장까지 담그는 집밥(집밥은 집에서 담근 장에서 출발한다)정신 때문이다. 1971년 문을 연 동문재래시장 건너편 **#대동호텔**은 세월을 깨끗하게 유지한 품위 있는 고급 호텔이다(2인 비수기 5만원 / 성수기 6만원). 호텔 1층 아트숍은 디자인 생활용품을 다양하게 갖추고 있다. 유랑매장 **#Bazar**의 동문시장 본점에서는 비치드레스를 태국 현지 가격으로 살 수 있다.

야외에서 본격 돗자리 깔면 풀밭이 대청마루로 변신한다. 2만원

도심형 매일시장

———

보성시장

: 구제주의 추억

병원, 학교, 주거지가 모여있어 자생적으로 생긴 생활시장, 보성시장은 제주의 선조가 땅에서 솟아났다는 유적지인 삼성혈, 한때 제주의 최고층 빌딩이자 신혼부부 첫날밤을 책임 지던 칼호텔이 지척에 있다. 한때 번영하던 구제주의 향수를 공감하는 친구와 밥 한 끼에 지금도 이곳은 맘 편한 시내 맛집이다. 돼지 한 마리 잡아 몸 구석구석 요리하던 늙은 엄마의 손맛 식당들이 많기 때문이다. 노부부 식당에 관광객이 들어서면 초특급 식당만큼이나 음식 설명도 길고 권하는 대로 주문하면 뿌듯해한다. 순대, 머리고기, 돼지국밥, 빙떡과 옥돔구이 등 순박한 제주밥상을 만날 수 있는 곳이다. 냉장, 제주산, 무항생제 닭으로 튀기는 유명 '치킨'집도 이곳에 모여있다.(닭을 튀기면 '치킨'이 된다.)

- 제주특별자치도 제주시 동광로1길 32
- 개장 오전 6시~오후 9시
- 무료 주차 가능

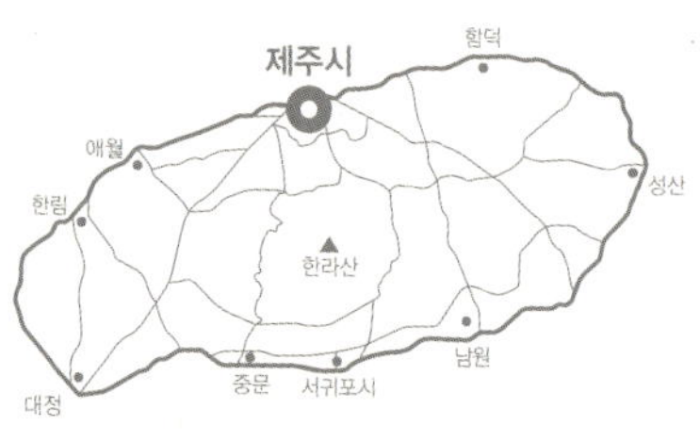

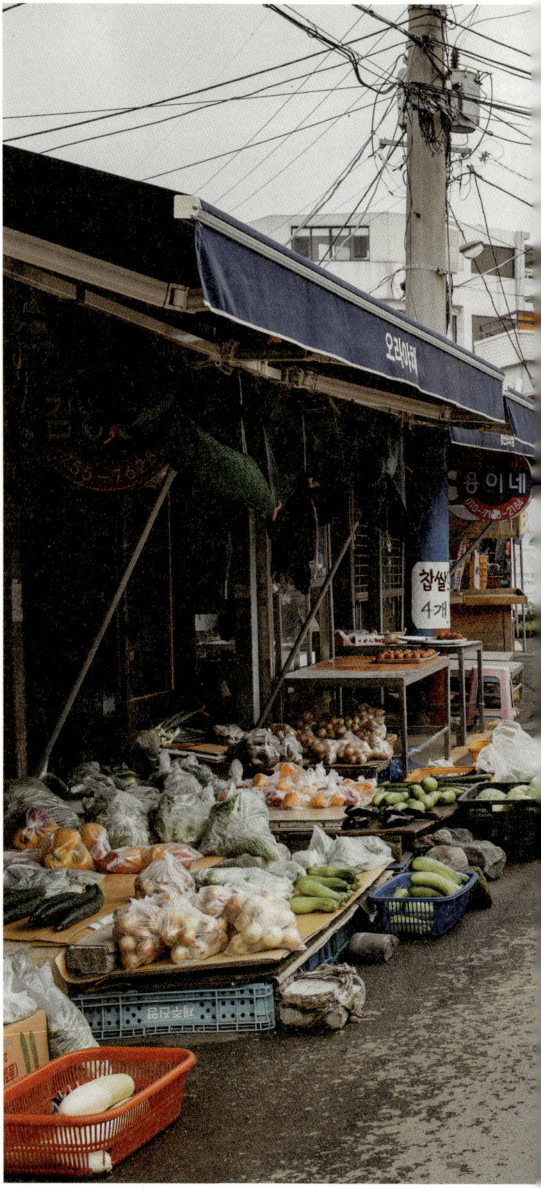

#하영식당 전통 순대와 머리고기 모듬 만원, 빙떡 3개 2천원, 옥돔구이 2만원. 닭만 22년 튀긴 **#제주닭집**은 매일 한 말씩 뽑아오는 가래떡을 튀겨주는 남다른 고객 서비스를 자선활동과 다를 바 없는 보람으로 여긴다. 무항생제 냉장 제주닭튀김 1.5kg 한 마리 1만4천원. 닭볶음탕, 백숙도 포장 판매한다.

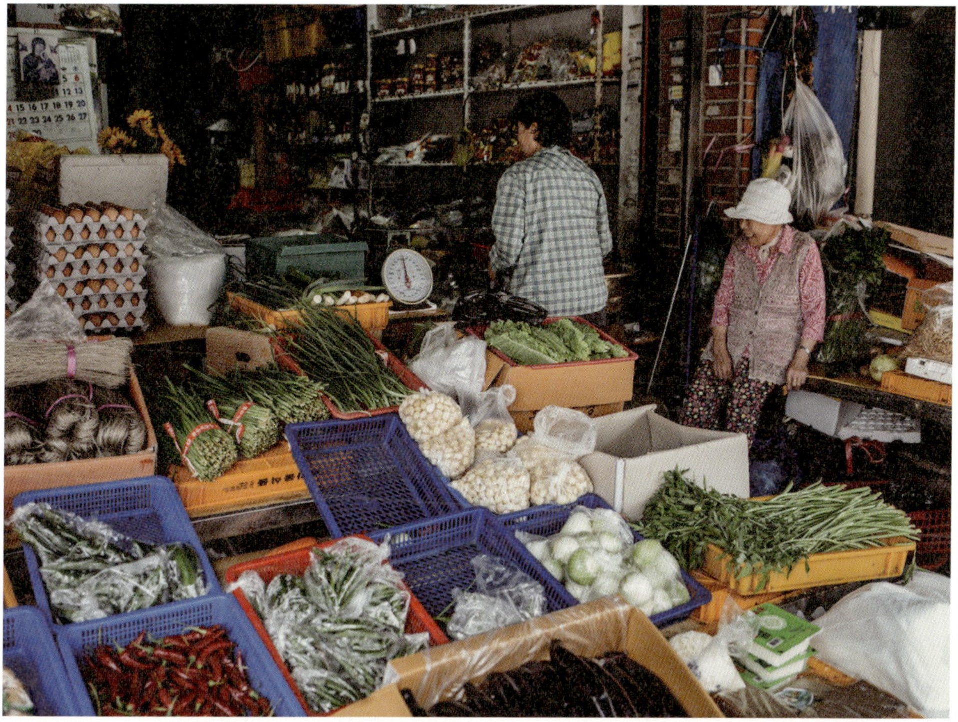

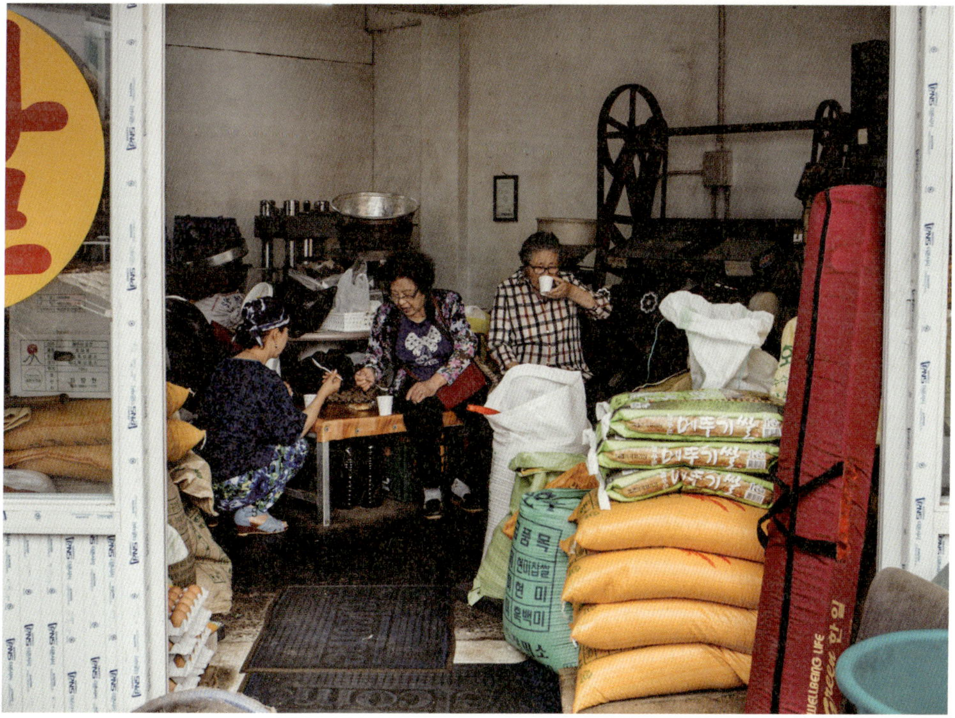

동호수산
간고등어
간옥동
갈치
오징어

보성중앙고추
T.752-6243
724-

도심형 매일시장

중앙로새벽시장

: 새벽반짝시장

동문수산시장과 중앙상가 사이에서 주로 당일
채소와 김칫거리를 파는 새벽시장이다. 오일
장이나 매일시장에 비해 가격이 월등히 싸고
작은 식당을 하는 개인 사업자들이 주로 장을
본다. 부지런한 알뜰 주부들도 이에 가세해 잠
시 북적이다 출근시간 전에 파장한다.

제주특별자치도 제주시 오현길 78-12

개장 오전 3시~6시

무료 주차 가능

도심형 매일시장

서문공설시장

: 맞춤형 관광시장

제주시내 서쪽 생활권의 생활시장이었던 서문시장은 이제 문화관광형 시장으로 변모 중이다. 생선, 야채, 곡식, 반찬 등 여전히 생활에 필요한 식품이 고루 갖춰져 있지만 제주산 축산물이 특히 유명하다. 이런 특성을 확장하여 정육점에서 고기를 구입해 시장 내 식당에서 구워 먹을 수 있는 고품질 알뜰 메뉴를 개발했다. 현지인 손님이 9할 이상일 정도로 현지 외식 장소로 자리 잡았다.

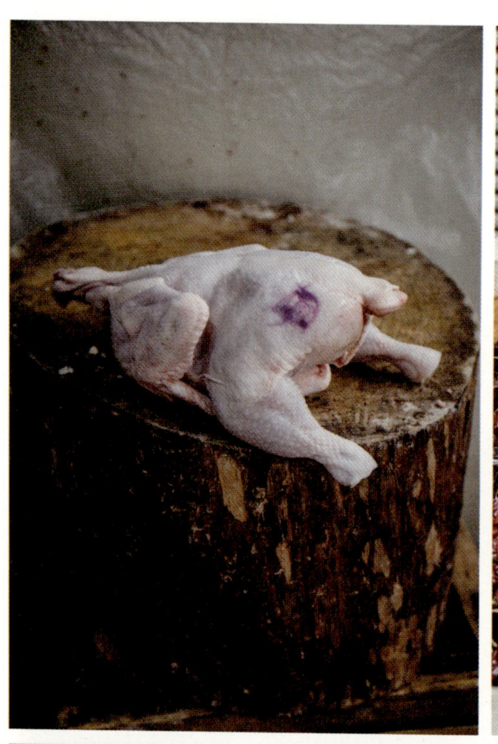

#서문시장닭은 엉덩이에 보라색 도장 찍힌 제주닭으로만 튀김, 양념 닭을 만들어 판다. 자가제조 양념치킨 1만4천원, 무항생제 특대 계란 한 개 150원이다.

시장 2층은 제주갈옷 전문상가로 조성 중이다. 기존 양품점, 한복집도 오랜 단골을 상대로 영업하고 있다. 문화 관광형 시장이라 선포한 터라 문화강좌, 체험교실도 부정기적으로 운영 중이다. 요리교실을 개설했고 천연염색교실도 시장 옥상에서 열 계획이다. 30년 넘게 서문시장에서 고추만 팔아온 **#서문고추**는 원산지, 매운 강도, 입자, 재배 연도를 세분화해 신용 걸고 고춧가루를 판매한다. **#현주상회**에서는 전국 택배 가능한 고등어와 옥돔을 믿고 살 수 있다.

시장 2층 컨셉은 전통패션이다. 승복 만드는 한복집, 이불집, 갈옷집이 있고 전형적인 시장
패션도 뚝심 있게 지킨다. 크레이프 인견셔츠 5천원, 물실크 반바지(속주머니 있음) 1만5천원

한림매일시장

: 옛날 그 시장

대 자연
수산
고등어·육류·갈치
전국택배
011-692-7112
010-8802-7112
탐라의향기
세인장
796-2330
칠공삼장
아이스박스
팩·얼음
(팩·얼음)
796-06
주방그릇
796-05
최대적재량 1000 kg

지금도 한림은 최대 수산물 가공시설을 갖춘 제주의 주요 포구다. 낮에는 어선들이 빼곡히 정박되어 있는 한림항 앞 다방과 여관은 옛 모습 그대로 영업 중이다. 아침부터 백반이 가능한 식당들이 시장에 몰려 있는데 뱃사람들의 식사를 준비하느라 상시 바쁘지만 포구에서만 먹을 수 있는 생선요리가 많다. **#매일식당**의 금일 특선메뉴는 매일 달라지는데 '참미더덕찜, 냉우무, 멸치쌈밥, 복찜, 멍게비빔밥' 등 어촌 향토식당의 맛이다. 수십 년 된 신발가게, 옷가게, 솜씨 좋게 손질해 삶아놓은 돼지고기가게, 관혼상제용품가게 등 오랜 단골들이 이곳을 고향 친척집 찾듯 드나든다. 시장 근처 **#한림기름집**은 깨 수확철이 되면 옆에 지켜보며 기름 짜는 손님들로 북적인다. 깨 한 말을 들고 가면 소주병 7병이 나온다. 어딜 가니 시골 읍내 철물점은 주민 생활상이 한눈에 보이는 만물상이다. 이곳 **#한림철물상사**에서는 해녀장비(까구리, 빗창, 물안경 등), 농기구를 갖춰놓고 있다. 제주에서 손꼽는 비양도 앞바다의 수산물, 질 좋은 토양의 농산물, 인근 이시돌목장의 축산물이 모이던 한림시장은 한때 풍요의 마을이었다. 업종을 바꿔가며 40년 넘게 한림매일시장을 지킨 커튼집은 한림 학생들 명찰을 오랫동안 박아주곤 해서 누구나 이곳을 안다. 일본어 관광가이드 출신 사장님은 일본에서 10년 살면서 스포츠댄스를 배워와 한림에 춤문화를 보급하기도 했다. 전국 대회 입상 경력보다 더 자랑스러운 일은 아직도 커튼집 2층에서 지역 주민들에게 개인 교습을 하며 흥겨운 삶을 사는 것이다. 개방적인 인심으로 낯선 이도 반갑게 맞아주고 한림 이야기 무엇이든 답해준다.

제주특별자치도 제주시 한림읍 한림로 687
고정 개장 시간 없음
무료 주차 가능

인근 가게

#바당뜰은 제주도 유일 수제어묵 가공 및 판매점이다. 딱 새우볼, 피쉬볼, 오징어볼, 문어볼, 해조볼을 비롯하여 제철 메뉴를 출시한다.

한림시장 내 토박이 방앗간에서 포구가 보이는 시장 모퉁이에 모던 떡카페 **#등대다방**을 냈다.

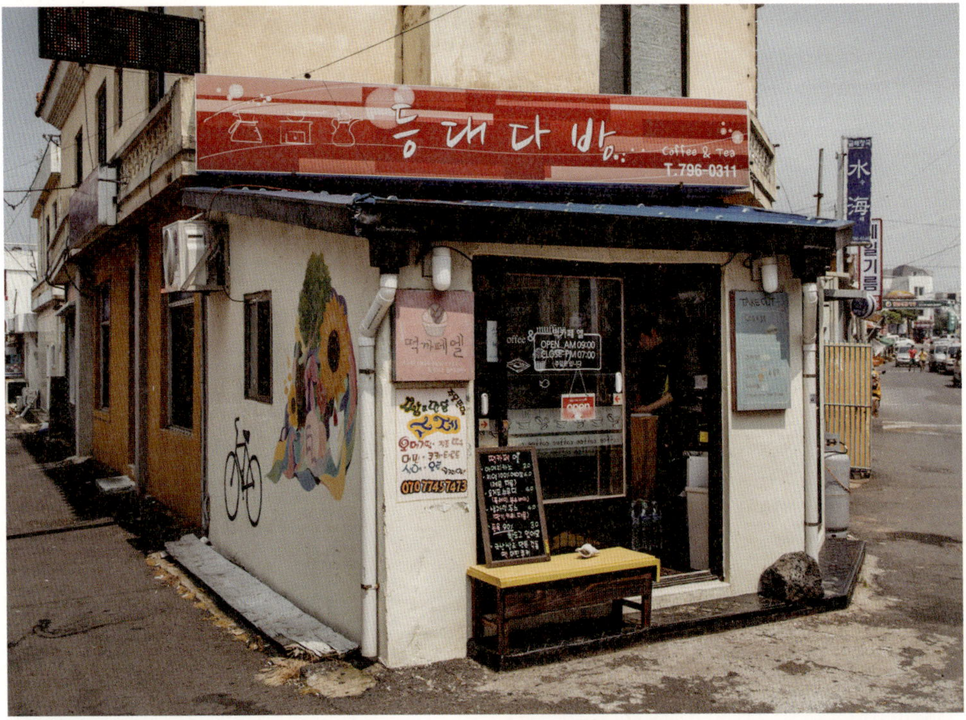
동대다방
Coffee & Tea
T.796-0311
OPEN AM 09:00
CLOSE PM 07:00
open

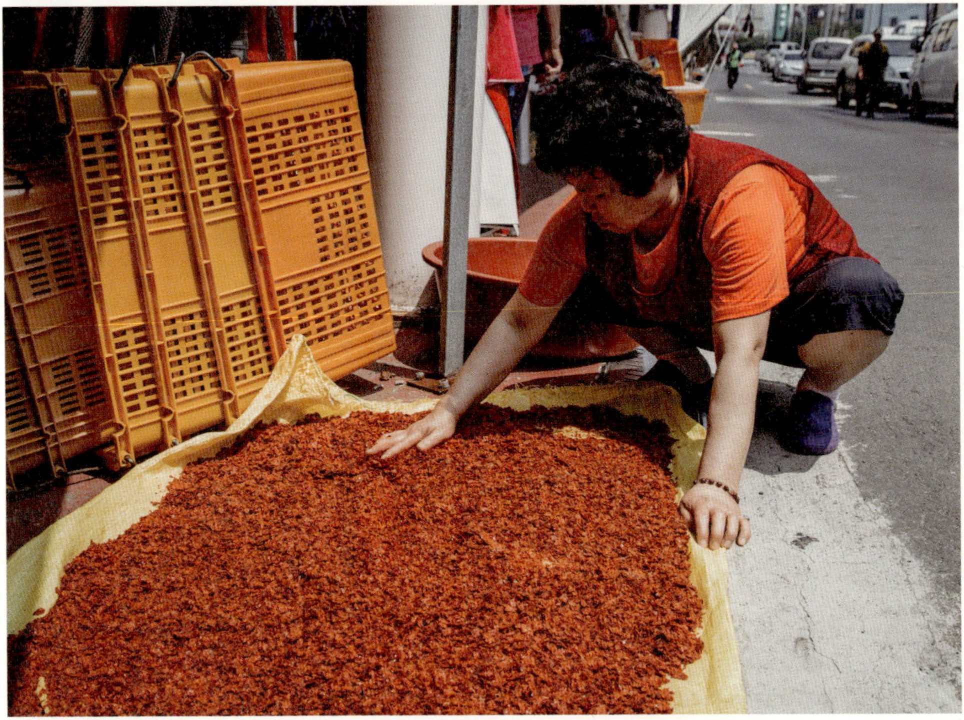

생산자 직거래시장

수협경매시장

: 어촌계의 위용

(제주, 성산, 한림, 서귀포)

노량진 수산시장에서 전국 수산물 경매가 열리듯 제주에서도 4군데 수협에서 새벽경매가 열린다. 주로 도매업자, 수산물가공업체, 대형 식당들이 참가하고 경매가 끝나는 아침 8시경 시장 앞 노점상에서 소매를 시작한다.

제주시 건입동 **#물항식당** 경매가 끝나면 늦은 아침을 먹는 어부들이 모이는 곳이다. 신선한 생선국이 주메뉴다. **#그리운바다**는 성산포 제주용왕님 아들이라는 해양학박사님이 운영하는 제주바다고깃집이다. 고등어회, 고등어 해장탕을 자랑한다. **#매일시장**에 가면 아침부터 문여는 뱃사람들을 위한 백반집이 즐비하다.

기 린
명성 여수
남경
성산포

신성 성산포

농협경매시장

: 화산회토에서 자란 농산물

(제주)

애초 제주의 대표농산물인 제주감귤을 전국상인들이 제주
에 내려와 경매 받을 수 있게 기획한 공간이었지만 지금은
농산물 경매시장으로 활용하고 있다. 오히려 제주로 수입되
는 과일(배, 사과, 복숭아, 감 등)을 경매가 끝나면 노점에서
싸게 살 수 있다. 제주에서 가장 큰 농협하나로마트가 옆에
위치해 있어 제주농축수산물을 한눈에 볼 수 있다.

제주특별자치도 제주시 남광로 206

개장 오전 7시(과일), 오후 6시(채소)

무료 주차 가능

농산물 경매수지도
1 2 3
4 5 6
7 8 9
제주시 농협 농산물 공판장

우정청과
민박청과
무우
무우
무우
무우
무우
무우
무우
무우

우정청과
중도매인 32 번
하도청과
중도매인 ● 번
높이 2M30Cm
삼○○
중도매인 ● 번

NH
201 번
중도매인
일지상회
H 011-697-7991
높이 2M30Cm
NH
256번
중도매인
지원유통
NH
233 번
중도매인
무공해영농
감자
20kg
감자
20kg

우시장

: 농부의 자식자랑

(한림, 수망)

제주에서도 소는 농업의 동반자였다. 밭으로 출근길 늘 함께 하던 더없는 동료이자 한집에서 먹고 자는 식솔이었다. 그러니 농사 인력 소개와 자식 출가의 이중 목적이 우시장의 출발이다. **#수망우시장**은 아직도 소시장 열리는 날이 동네 잔칫날이다. 부녀회에서 국수 끓이고 막걸리로 해장하면서 누구 집 소가 잘났는지 구경하기 바쁘다. 유난히 깨끗한 소가 많은 것은 평소 보살핌의 증거다. 송아지와 눈 마주치고 깨끗하게 목욕한 소의 건강한 엉덩이를 손으로 만질 수 있는 농부들만의 시장이다. 누구나 입찰할 수 있지만 소를 볼 줄 아는 경험의 눈 없이 가격을 적어내기 어렵다. 몸무게도 임신 여부도 사는 사람이 눈으로 어림잡아야 한다. **#한림우시장**은 현대식 우시장 체계를 갖추고 있어 전광판에 몸무게를 비롯한 경매 진행이 안내된다.

한림, 수망 두 군데 서귀포시 축산업협동조합에서 운영하며 가축시장 소 경매는 매월 15일 오전 9시부터 시작한다.

젊은
로컬푸드

안덕농협 : 공동체 마을

지구 반바퀴를 돌아 남미에서 실려온 지친 유기농보다 생생하게 아침마다 농부 경운기 타고 마트에 내린 지역 농산물이 좋다는 게 로컬푸드 운동이다. 운송 연료도 절감하니 환경에도 이롭다. 이제 로컬푸드는 식품의 화두다. 바다가 내려다보이는 너른 땅의 제주도 안덕면은 산방산이 내 집 앞을 수호하는 인심 좋고 풍요로운 동네다. 4천 세대가 모여 사는 큰 마을이기도 하지만 귤에서 산나물까지 생산하는 복합영농단지다. 이곳 농협에서 한 큰 결심이 농가자율매장을 차린 것이다. 매일 아침 농부가 그날 생산물을 싣고와 무게를 재고 가격을 정해 붙이고 포장하고 진열을 한다. 현재 80여 명 농부의 진열일지가 서랍에 다소곳하게 보관되어있다. 극조생 감귤이 나오는 9월부터 3월까지 농산물이 가장 다양하고 풍부하다. 안덕면 여성 농업인 양춘선 씨의 수제 가공식품은 사철 생산된다.

제주특별자치도 서귀포시 안덕면 화순로 122

개장 오전 7시 30분~오후 9시(연중무휴)

무료 주차 가능

잡맛 없는 천연식초
1만4천원(500ml)

검은콩미숫가루 7천원(600g)

제주흑돼지
: 흙에서 뒹굴며 자란 검은돼지

2015년 제주도에서 관광객을 대상으로 조사한 제주맛 1번은 흑돼지였다. 현지인에게도 돼지는 빼놓을 수 없는 귀하고도 친근한 음식이다. 대부분의 식당은 돼지구이집이고 제사 상에도 돼지고기 산적을 만들며 학교급식 일주일에 세 번은 돼지요리가 나온다. 명절에도 소갈비가 아닌 돼지고기 선물세트를 주고받는다. 학교 대항 체육대회에서 이기면 돼지 한 마리 잡는다는 흑백사진이 남아있을 정도로 돼지고기는 기쁜날 잔치의 상징이다. 결혼날 이 잡히면 그다음 고민은 돼지 준비고 보통 돼지 한 마리로 2백명을 먹인다. 구제역이 없 는 청정축산도 자랑이지만 제주에서는 냉동 돼지고기를 찾아보기가 어렵다. 청정하게 길 러 냉장 유통하는 자연육 본연의 담백한 맛을 이제 제주축협에서 전국으로 나른다.

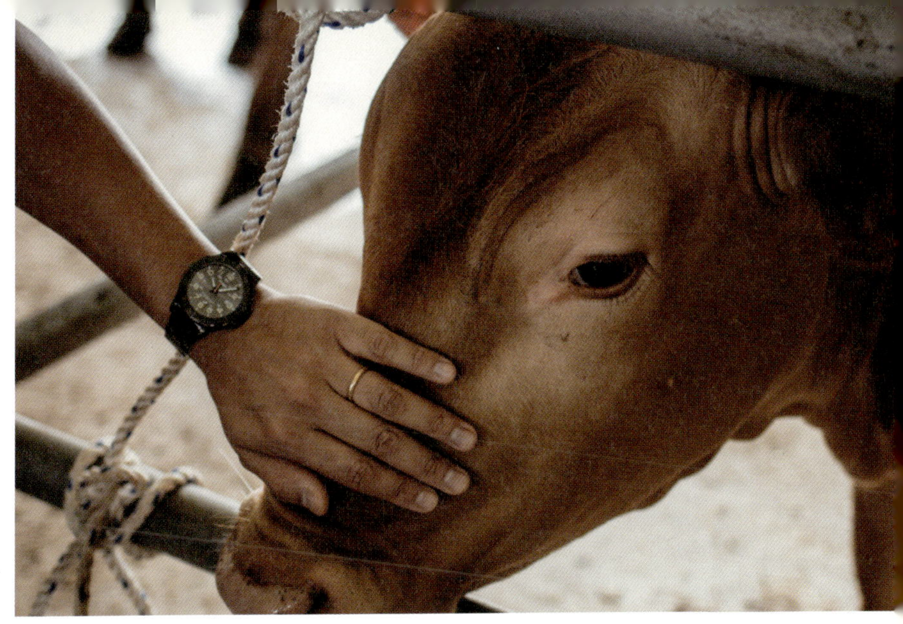

보들결 제주한우
: 풀 먹고 자란 소

제주 토종소는 털이 검은 흑우이다. 제주도 내 대형 농협이니 축협 매장에 가면 볼 수있다. 조선시대 병약한 임금에게 약처럼 처방되던 흑우뿐 아니라 사철 초지 방목이 가능한 제주에서 자란 한우는 사료에만 의존하는 육지소와는 사뭇 다른 맛이다. 제주축협에서는 제주도 내 **#한우플라자**라는 자체 식당을 운영하는데 점심시간에는 지역민으로 이미 자리가 꽉 찬다. 특히 서귀포축협의 흑우갈비탕과 제주축협의 갈비탕, 당일 작업한 신선모듬(간, 천엽, 육회)은 한정 수량이라 맛을 보고 싶다면 일찍 가야 한다.

◎ 서귀포시 안덕면 중산간서로 1914-3 / 제주시 중앙로 415 / 제주시 노형11길 25

삼춘네바당뜰 : 제주어묵

한림에 위치한 영어조합법인에서 운영하는 수제어묵가게다. '국내산 수산물과 제주농산물로만 만든다'를 표방하고 부녀회원들이 일본 가서 기술 지도를 받고왔다. 새우, 삼치, 오징어, 문어어묵을 기본으로 백년초, 브로콜리, 해초를 부재료로 넣어 메뉴를 만들었다.

제주시 한림읍 한림해안로 149 협진영어조합법인

해올렛 : 제주특산물 공동 브랜드

제주도를 한라산을 기준으로 남북으로 나누면 북쪽 절반은 제주시다. 여기에서 나는 농산물, 수산물, 축산물, 가공식품, 생활용품 등 제주시 특산물 공동 브랜드가 해올렛이다. 냉동 돈가스부터 한라산 건나물까지 인터넷으로 주문하면 택배로 안전하게 배달된다. 오프라인 매장도 운영하고 있어 제주여행길에 직접 제품 확인도 할 수 있다.

제주시 일주서로 7815번지 1층

지꺼진장 : 괸당과 이주민장

서울에 마르쉐가 있다면 제주에는 지꺼진장이 있다. 한국농민연합회 제주지부에서 주최하는 농민 직거래 장터와 제주이주민들의 가내수공업품 장터다. 또한 괸당(제주에서 피붙이의 통칭)과 이주민(최근 제주에 이민 정착한 육지인)의 교류가 활발해 사교와 정보의 장터이기도 하다. 이러한 신풍속을 구경하러 매주 금요일 이곳으로 퇴근하는 제주시민들의 발길이 갈수록 늘어간다.

제주시 중앙로 640

Yuko Leather
통가죽공영

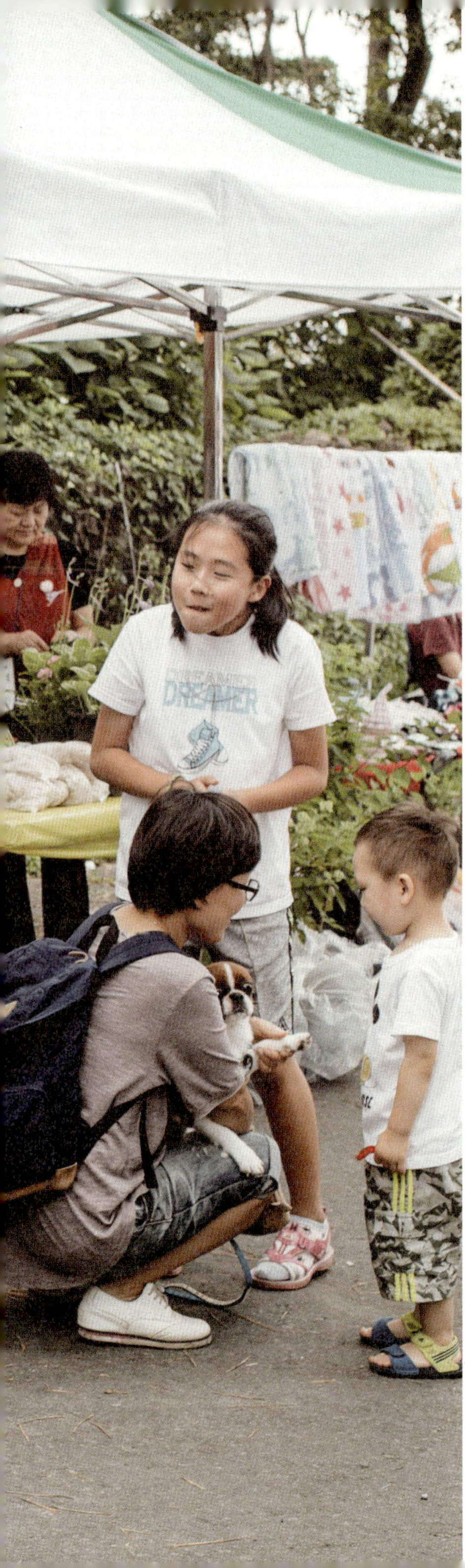
DREAMER

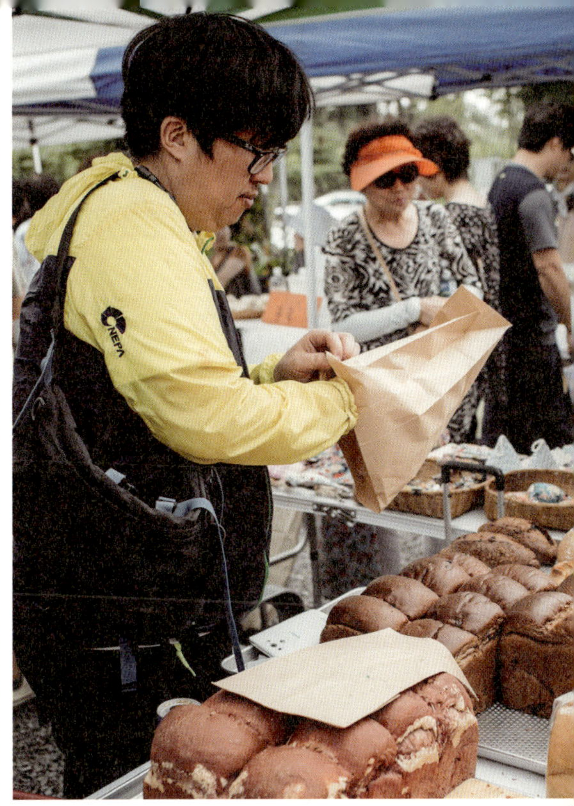

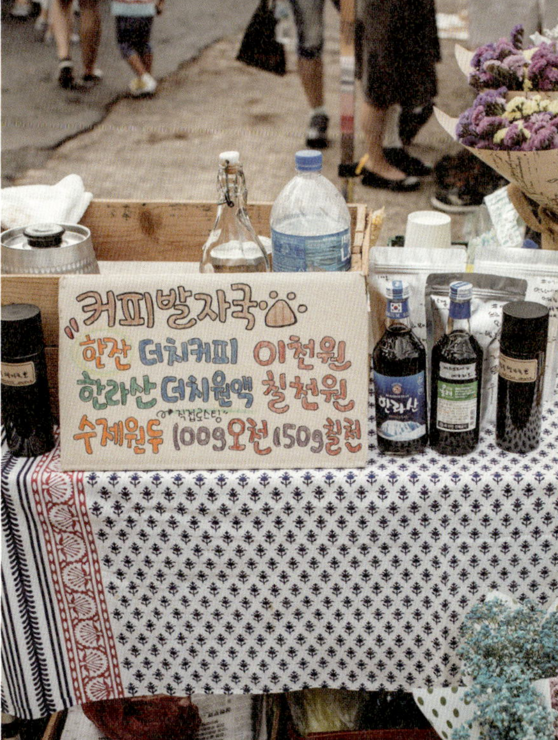

커피발자국
한잔 더치커피 이천원
한라산 더치원액 칠천원
직접로스팅
수제원두 100g오천 150g칠천
한라산

배달식품 : 택배로 받는 제주

제주감귤

제주 농민의 절반 이상이 감귤을 재배한다. 기후, 역사, 재배 기술로도 제주감귤은 독보적이며 선별, 포장, 배송 서비스가 보완되어 편리하고 맛있는 국민과일로 손색이 없다. 조선시대 감귤봉진도의 기록 속 감귤(당유자, 동정귤, 감자, 유감, 유자, 당금귤, 청귤, 산귤)나무를 서귀포시 감귤박물관에 가면 볼 수 있다. 열매 맺으면 점을 찍어두고 국가가 관리하다가 수확시 숫자가 모자라면 매를 맞아야 했던 애환의 진상품이 70년대에는 제주를 부농으로 앞서게 한 대학나무로 변천했다. 서귀포 감귤은 여전히 맛에 대한 자부심 강하고 노지온주(9월 말 극조생으로 시작하여 12월에 수확을 마친다), 하우스감귤이 주종을 이룬다. 만감류는 한라봉, 천혜향, 황금향, 레드향, 청견, 진지향, 금감, 한라향, 우자, 하루미, 남향, 카라향, 세미놀이 있고 기타 레몬, 영귤, 봉황이 상품으로 출하된다. 제주에서 농번기는 감귤 수확철인 겨울이다. 한겨울 눈 쌓인 한라산 봉우리를 배경으로 나무에 주렁주렁 달린 감귤은 크리스마스트리에 켜진 전구처럼 축복스런 장면을 연출하는 영주 10경 중 하나다. 31,450여개(2016년 기준) 제주의 감귤농가 상품은 인터넷으로 쉽게 구매할 수 있다.

농산물

울릉도 명이만 제외하고 제주에서 생산 안되는 밭작물이 없다고 할 정도로 제주의 농업은 다양하다. 제주는 온난하고 배수가 좋아 참다래, 단감, 포도, 매실, 복숭아, 복분자, 바나나, 구아바, 망고, 패션푸르트, 아보카도, 체리, 무화과, 석류, 배, 블루베리 등 온갖 과실농장이 분포해 있는 에덴동산이다. 선악과인 사과만 없다는 것도 특징이다. 표고, 더덕, 당근, 월동무, 월동 배추, 메밀, 콩, 보리, 깨, 아스파라거스, 특수 야채, 한약재, 묘목, 오미자 등이 주요 채소 작물이고 각종 허브는 관광농장의 인기 작물이다. 시장에 가면 한라산 약초가 즐비하다. 아직은 다품종 소농업이 살아 있다.

대부분 농산품은 인터넷 직거래로 소분 판매한다.

해산물

수온과 물때의 영향이 절대적인 해산물 채취인지라 해녀들의 조업은 하루 4시간, 한달 8일이 평균이다. 게다가 유통이 안정되지 않아 그나마 수매자가 정해져야 작업이 가능하다. 해녀가 고소득이란 소문은 소문에 불과하다. 수온과 조류는 마을마다 달라 해산물 채집시기는 조금씩 다르나 대략의 수확철은 다음과 같다.

> **해삼** 1월~6월, 8월~12월 / **전복** 1월~9월 / **소라** 1월~5월, 9월~12월
>
> **성게** 5월~6월 / **톳** 2월~9월 / **우뭇가사리(천초)** 5월~10월 / **감태류** 7월~12월

역시 각 마을마다 금채 기간은 조금씩 다르지만 전복은 11월~12월, 소라는 6월~8월이 산란기여서 채취를 하지 않는다. 일정 동안 금지했던 미역을 채취하기 시작하는 '미역해경'은 3월에 시작되고 5월이 지나면 수온이 높아져 늙어 녹아내린다. 채취하자마자 해풍에 말리는 과정이 있어 미역철에는 늦어도 아침 6시에는 입수를 한다. 온평리 미역을 가장 알아준다. 백중(음력 7월 보름)에는 바닷물이 잘빠져 평소 잡기 힘든 소라, 보말, 오분자기가 쉽게 잡힌다. 이날을 놓칠 수 없어 밤에 횃불 들고 해산물(바릇)을 잡는 풍속이 있었고 지금도 '백중물천'(바릇잡기)을 기억하는 해녀들은 이때를 기다린다.

흔히 전복새끼라 알고 있는 오분자기는 3.5cm까지밖에 자라지 않는 제주특산물이다. 제주 전역에 포진하고 있는 양식장 오수로 요즘은 귀한 몸이 되었고 성산, 하도리 등 양식장이 비교적 적은 청정 1등급 바다에서만 겨우 찾아볼 수 있다. 껍질에 구멍이 7개 이상이면 오분자기이고 6개 이하면 선복으로 **구분**한다.

해산물은 보통 주문 채취 방식이나 최근 젊은 해녀들은 직거래 판매도 겸한다.

수산물

인근바다에서 해산물을 채취하는 게 제주여자의 일이라면 남자들은 배를 타고 먼 바다로 나가 밤새 불을 밝히고 그물을 내려 고기를 잡는다. 말 없는 바다는 변덕도 심하고 그 속을 알 수가 없어 사고도 많았다. 무사고, 풍어기원으로 시작한 무속굿은 무형문화재로 남았고 여자가 배를 타는 일은 아직도 터부시한다. 칠흑 같은 밤바다를 수놓는 고깃배 등불은 영주 11경쯤 된다. 제주는 여자만 죽어라 일하고 남자는 게으르다는 소문 역시 소문에 불과하다. 제주남자는 보이지 않는 곳에서 남들 눈에 안 띄는 시간에 목숨을 담보로 일해왔던 역사를 갖고 있다. 덤장은 물때를 이용해 통그물을 설치해 고기를 가두어 잡는 어법

을 말한다. 5월 장마 때는 바닷가에 아예 원담을 쌓는데 조수간만의 차이를 이용해 고기를 가두어 잡는 제주만의 어획법이다. 어린이부터 노인까지 같이 담을 쌓고 고기가 잡히면 연령 순서대로 분배한다. 깊은 바다에서 서식하는 고급 어종인 옥돔(솔라니)은 여름철에는 고기가 빨리 부패해 잡지 않았고 음력 9월부터 낚시로 잡기 시작했다. 안덕면 일대가 솔라니 낚시 명당이다.

제주어부들이 제주해역에서 잡는 어종과 시기는 다음과 같다.

멸치 4월~8월 / **자리돔** 5월~7월 / **전갱이** 6월~8월 / **갈치** 6월~12월 / **한치** 6월~8월
문어 6월~11월 / **옥돔** 7월~11월 / **고등어** 9월~12월 / **삼치** 10월~12월 / **방어** 10월~2월

제주시 동문시장 대부분 생선가게들은 전국 택배를 신속 정확히 하고 단골이 되면 전화만으로도 주문 가능하다.

#해올렛 제주시에서 만든 제주특산물 공동 브랜드다. 제철 농산물 및 가공품을 총망라하고 있고 매장판매도 겸하고 있어 물건을 직접 확인할 수 있다.

제주시 일주서로 7815 1층 064.746.2001

#금악포크빌리지 착한 소시지와 떡갈비를 맛볼 수 있다.

제주시 중산간서로 4316-6 064.796.1199

#제주물마루전통된장학교 유기농 제주콩 된장, 제주감귤 고추장 등 유기농 전통장을 판매한다. 전통장 체험 프로그램이 있어 직접 만든 장을 가져다 먹을 수 있다.

제주시 한수풀로 258-28 064.796.4764

#한라산청정촌 제주토종 푸른콩만으로 간장, 된장, 고추장을 만들어 판다. 슬로푸드 맛의 방주에 등재된 세계적 특산품이다. 해발 1,000미터에서 옹기 숙성된 장맛이 특별하다.

서귀포시 중문동 1226-8 064.738.7709

#삼다두유 국내 유통 국산콩 90%를 공급하는 제주콩의 위용으로 인공첨가물 없는 청정 제주콩 두유다. 국내에서 가장 비싼 제주산 신화콩이 원재료이고 제주의 유수한 물이 정직한 두유 맛을 보장한다.

제주시 애월읍신상로 213-5 064.726.0064

#아침미소목장 풀 먹고 자란 소의 젖으로 부부가 정성스럽게 수제 요거트, 자연치즈를 생산한다.

제주시 첨단동길 160-20 064.727.2545

 # 제주다드림 한라산 조릿대가 주력 상품이나 제주산야초 야생차를 가공해 판매한다.

제주시 서사로53 3층

#유기농제주차 유기농 차농가 공동 브랜드다. 싱그러운 새봄녹차, 맑은 노을홍차, 유기농 귤껍질이 포함된 진피녹차, 진피홍차 총 네 가지가 있다. 성읍민속마을에 차 농부집을 운영하며 차 강의도 한다.

서귀포시 표선면 성읍정의현로33번길 17 010.9656.2345

#제주천년약초영농조합법인 친환경 농법으로 약초를 재배하는 농민조합이다. 제주토종 백수오분말, 제주토종 울금분말, 제주토종 와송분말이 주력 상품이다.

제주시 도남로 12길 9 064.755.1280

#제주민속식품 꿩엿, 전복엿, 감귤조청, 감귤바다초잼 등 제주에서만 만드는 전통식품을 살 수 있다.

제주시 구좌읍 번영로 2178 064.782.1500

재래시장으로 차린
제주밥상

1월 : 포제

감귤 수확을 막 마친 1월의 제주는 풍요롭게 일 년을 마감하고 다시 무탈한 내년을 기원하는 포제(마을 제사)로 새해를 연다. 주로 남자들이 유교식으로 주관하며 특별히 갖춰 입고 한자로 길게 쓴 기원문을 엄숙하게 읽어 내려가지만 내용을 요약하자면 '우리 마을 액운 올해도 막아줍써'다. 368개의 오름(기생화산)이 있고 368개의 마을이 전해지고 다시 368명의 신을 믿는 제주에서 무속신앙은 국가 영농정책보다 중요하다. 새해 가가호호 방문해 정성껏 굿을 해주는 무속인도 빼놓을 수 없는 삶의 동반자다. 전통 깊은 큰마을 제사는 무형문화재로 지정되어 있다. 음력 1월 13일 첫 제사 시삭하는 송당리 마을제(제주특별자치도 무형문화재 제5호)가 대표적인 마을제다. 제를 마치면 다음날 마을 주민이 모두가 참여하는 윷놀이 등 건전한 내기 판이 이어진다. 제주인들처럼 제주신神들도 돼지고기를 가장 좋아한다. 통돼지를 올려 제를 마치면 나무 도마에 올려 썰어 나눠먹고 부속물은 가마솥에 국을 끓여 추위를 녹인다.

몸국

배춧국

제주에서는 밥상에 국이 없으면 부실한 상이다. 특히 겨울에는 배지근한(재료의 영양과 맛이 우러나 적당히 기름진) 국물 없이 추위와 바람을 이겨내기 어렵다.

몸국은 국에 어디까지 정성을 쏟을 수 있는지 말해주는 대표적인 제주음식이다. 통돼지 잡은 날 뼈, 내장, 잡고기를 가마솥에 푹 끓이면 묵직한 국물이 완성된다. 거기에 톳과 단맛 오른 겨울 무를 넣고 다시 끓여 담백함을 더하고 메밀가루로 농도를 맞춰 서로 다른 재료들의 조화를 극대화한다. 모든 재료의 맛이 다 녹아 있어 소금 간만 해도 충분하고 아플 때, 지칠 때, 추울 때 몸이 찾는 음식이 된다.

제주는 겨울에도 땅이 얼지 않아 밭에서 막 뽑아낸 월동무와 배추가 겨울 밥상의 단골 국거리다. 주로 멸치 국물을 내고 된장으로 간을 맞춘다. 제주 된장은 물회, 오이냉국 등을 포함해 모든 국물요리의 간을 맞추는 데 사용한다. 묵혀야 된장이라는 전통장과는 달리 오래 숙성시키지 않아 신선하고 묵은 내가 없다. 여기에 콩가루를 풀어 넣어 영양을 보충한다.

귤설기

제주귤마멀레이드

생활개선회는 농촌 주부들의 부업 모임이다. 잼 전문 회사도 어려워하는 귤잼을 생활개선회는 오래전부터 시작했고 씹는 맛까지 더한 마멀레이드 정도는 어렵지 않게 조려낸다. 설탕과 껍질째 썬 귤을 반반 비율로 섞어 냄비에 조리면 된다. 빵에 발라 먹기보다는 유자차처럼 끓여 먹거나 백설기 찔 때 섞어 맛과 색을 내는 부재료로 사용한다.

농한기인 1월에는 결혼식도 많다. 큰 잔치에는 역시 통돼지가 빠지지 않고 손님에게는 맛있는 부위를 썰어 돔베(나무도마)에 대접하는데 두부와 순대를 같이 차려주어야 '잔치 먹으러'(제주 잔칫집에 손님으로 가면 오래 앉아 먹어줘야 친한 사이다) 간 손님들에게 예의다. 막걸리에 무생채를 곁들어 먹는 돼지고기 수육이 돔베고기다. 새우젓을 곁들이는 육지와는 달리 제주에서는 집간장을 찍어 먹는다. 퍼대기김치는 처진 배춧잎을 주워다 알뜰하게 활용한 내 집 막김치인데 보통 낭푼(양푼)에 담아 밥상에 올린다.

2월 : 명절과 고사

조상에게 상을 차리고 친척, 동네 어른들에게 세배 다니는 설날 풍습이 제주에는 아직도 당연한 일이다. 바닷가에서는 정월 초하루에 뱃고사를 지낸다. '개당'이라고 하는 당에 가서 제를 지낸 후 배로 가서 제물을 차려 고사를 지낸다. 극진한 음식이 차려지는 바닷가 마을의 축제다. 음력 2월 영등달에는 영등굿을 한다. 쌀을 한지에 싸서 바다에 던지는 '지드림'은 풍어를 위한 '요왕지', 죽은 조상을 위한 '조상지', 자기를 위한 '몸지'를 바다에 던진다.

특별히 이날을 위해 생선 중 가장 귀하게 여기는 옥돔은 평소 잘 아는 어부에게 부탁해 큰 걸로 구해둔다. 시장에서는 찾아볼 수 없는 프라이팬보다 더 근 옥돔이 이런 날에는 등장한다. 아이들에게까지는 순서가 돌아오지 않지만 간혹 엄마들은 어른상에서 물린 옥돔 살 한두 점 발라두어 제사가 끝난 늦은 밤 빙떡에 얹어 잠든 아이를 깨워 먹인다. 단맛 오른 무를 채썰어 볶아 얇게 부친 메밀전병에 말아낸 빙떡은 열개를 먹어도 소화가 금방 된다. 그 심심하고 허기진 음식을 옥돔 살 한두 점이 두 배는 맛있게 만든다.

제주에서도 명절 부엌은 기름냄새다. 고기, 생선, 야채를 부치는 것도 부족해 떡도 지져내 온상 고소하게 차리는 게 명절 서민들의 사치다. 그래도 조상에게 특별히 정성 보여야 하니 개떡을 올릴 수 없어 예쁜 틀로 모양을 잡는다. 명절만큼은 밭일, 물일에서 벗어나 부엌에서만 있어도 되는 날이라 상상의 나래를 동원해 창작을 한다. 지름떡은 틀에 찍어 기름에 지진 떡이고 이제는 명절이 아니어도 제주시 민속오일장에 가면 향토 먹거리로 판다.

콩국과 보리빵은 일꾼들에게 가장 손쉬운 에너지 보충식이다. 마른 콩을 빻은 콩가루는 제주 어느 시장을 가도 팔고 무와 배추가 주재료다. 국물은 멸치 국물을 내면 되고 간은 집간장으로 한다. 이제는 제주에도 보리빵이 젊은 빵 장인들의 오븐 빵에 밀려가지만 보릿가루 반죽을 살짝 발효해 찜기에 쪄내는 그 단순하고 정직한 맛은 아직도 관광상품으로 인기를 누린다. 할망들이 밭일 나갈 때 고구마, 감자가 없으면 보리빵 지참은 필수다.

콩죽

재료

날콩가루 2컵, 무 100g, 얼갈이배추 6장, 물 1.5L,
멸치(국물용) 5마리, 소금 약간

만드는 방법

1 날 콩가루에 물 2컵을 넣어 잘 갠다.

2 냄비에 나머지 물과 멸치를 넣어 멸치육수를 만든다.

3 무는 채 썰어 준비하고 배추는 손으로 잘라놓는다.

4 미리 만든 멸치육수는 한 김 식힌 후 개어놓은 날 콩가루를 살살 붓는다.

5 끓으면 불을 줄이고 무, 배추를 넣어 무가 푹 익을 때까지 끓인다.

6 마지막에 소금 간을 한다.

지름떡틀

지름떡

보리빵

는 작업 중 가장 사연진한작이고 어신이 신중정적를 고수하는 해녀는 제주에서는 섬마다
경한 이름으로 통한다. 전복을 따는 사람은 낮잡아 '비바리'라 부르기도 했다. 오늘날도 산소통
을 비롯한 아무런 장비 없이(부력을 이기느라 납벨트를 허리에 매는 게 전부다) 맨몸으로 잠수
해 숨을 참을 수 있을 동안만큼만 해산물을 딴다. 조선후기 숙종 때 문인으로 알려진 김춘택은
706~1711년 유배로 인해 제주에 머무는 동안 잠녀설을 그의 문집 [북헌집]에 수록했다. "가슴
에 끈으로 짠 주머니(망사리)를 묶은 곽(태왁)을 안고, 손에는 쇠꼬챙이(빗창)를 잡고, 이리저리 헤
엄치다 물속에 잠깁니다. 물속에 들어가 돌에 붙어있는 전복을 확인하면, 빈 껍데기를 뒤집어놓
아 위치를 알 수 있도록 하고 다시 물 위로 올라옵니다. 숨이 차서 소리를 내는데 '휘익' 하는 소리
숨비소리)를 오래도록 냅니다. 생기가 돌아오면 다시 물에 잠깁니다. 먼저 표시해 두었던 곳에 가
서 비창으로 따서 망사리에 넣고 돌아옵니다." 그리고 이런 작업방식은 오늘날까지도 별다르지 않
다. 서로의 생존이 해산물 채취만큼이나 중요한 긴밀한 결사대 출신이어서 나라가 위급할 때도 전
면에 나섰고(제주 항일운동은 1932년 1월 하도~오조리 지역 해녀 천 명의 호미와 비창을 든 봉기
로 시작된다) 1970년대에는 제주경제를 주도한 경제일꾼이었다. 상군은 10미터 수심을 드나드는
고수이며 중군, 하군 순서대로 잠수기량에 차등을 둔다. 조직의 대장은 대상군으로 덕과 기량을 겸
비한 어촌공동체의 리더다. 조수간만의 차가 가장 적은 조금을 전후하여 시작하는 물때는 보통 미
달 19~15일, 24~30일간 달의 움직임에 따라 한 달에 두 차례 물질을 허용한다. 물때 이외의 날
은 집안일, 밭일로 눈코 뜰 새 없다. 매일 새벽 물허벅을 지고 물을 길어 두말떼기(콩 두 말을 삶을
수 있는 솥)에 물을 가득 채우는 일로 하루를 시작했던 쉴 새 없는 삶. 묵묵한 책임감을 남편과 자
식이 알아주지는 않지만 물 속에서 간혹 마주치는 영특한 돌고래는 해녀들의 말을 알아듣고 주변
을 빙빙돌며 놀아준다고 한다.

조선시대 미역채취 전문가였던 해녀가 전복을 담당하게 된 연유는 남자들이 육지로 달아나기 시작
하면서부터다. 왕의 밥상에 올라가야할 만큼 귀한 음식이 된 사연도 눈에 잘 띄지도 않지만 거칠고
굳진 돌에 붙은 전복 하나를 조류와 맞서면서 따기란 목숨 건 일이기 때문이다. 전복 한 마리 따
다 목숨 잃은 해녀 수는 그동안 세어보지 않았을 뿐이고 역사를 아는 해녀들은 차마 전복을 제 입
에 넣지 못한다. 제주 오일장 철물점에는 농사도구 반 해녀도구 반이다. 해산물 종류에 따라 채취
도구들이 세분화 되어있다. 전복은 비창으로 잡는다. 전복으로 시작했으나 요즘은 미역, 성게, 뿔
소라들이 물질에 큰 보상이 되고 작살로 잡는 고기들은 반반찬이되는 재밋거리이다

게우젓비빔밥

전복 내장을 버리기 아까워 담그기 시작하던 게우젓은 요즘은 양식 전복으로 대체해 전복 살과 내장 전체로 젓갈을 담가 사철 편리하게 전복 맛을 보게 한다. 모든 해산물 젓갈은 깨끗하게 씻은 해산물을 소금 1, 해산물 5 비율로 항아리에 개켜둔다. 장기 보존이 가장 큰 이유이나 발효가 시작되면 감칠맛이 생겨 다른 음식과 잘 어울리는 좋은 반찬이 된다. 게우젓 역시 밥맛 없고 바쁠 때 갓 지은 밥에 비벼 먹으면 임금님에게 올라간 전복 살이 부럽지 않다. 게우젓은 제주재래시장 어느 곳에서도 살 수 있다.

성게젓
멜젓
자리젓

제주 특산 젓갈 중 멜젓(왕멸치), 자리젓은 특히 집집마다 딤가 일 년 양식으로 삼았다. 봄 바닷가 진풍경 중 하나는 파도에 쓸려 나와 모래사장에서 펄떡이는 멜 떼다. 온 마을 사람들이 해변에 나와 멜 줍는 광경을 아직도 종종 볼 수 있다. 4월 말이면 동네마다 '멜삽써'를 외치는 상인들 목소리가 낭랑하다. 자리는 물살이 거친 모슬포 자리가 뼈가 굵고 몸집이 커 주로 구이를 해 먹고 동쪽 바다 표선에서 잡히는 자리는 작고 연해서 물회 만들기 좋다. 중간 크기 자리가 젓갈용이다. 자리젓은 6월에 담근 것이 가장 맛있다.

소금 200g에 생선 1kg을 섞어 항아리에 차곡차곡 개켜두는 게 기본 비율이나 담그는 시기에 따라 소금의 양을 가감한다. 서늘한 음지에 두어 한 달이 지나면 삭기 시작하는데 적당한 크기로 다져 갖은 양념(마늘, 청고추, 고춧가루가 기본)에 무쳐 여름철 밥반찬하거나 갈아서 김치 담글 때(멜젓) 쓰는 만능 양념이다. 제주흑돼지 식당에서도 구운 고기에 멜젓을 찍어 먹게 하면서 제주돼지가 향토음식으로 더 특별해졌다.

4월 : 고사리장마

제주의 4월은 우기다. 보통 회오리바람을 동반하며 여름 태풍만큼이나 주의해야 한다. 한편으로는 노심초사하는 농민들에게 특별 선물 보따리를 내놓는 달이기도 하다. 고사리장마철 4월에는 비 온 다음날이면 고사리가 마술처럼 솟아난다. 서양요리의 아스파라거스 예찬이 무색할 만큼 매일같이 끝없이 솟아나는 그 마법에 걸려 숲속 깊이 따라가다가 실종되는 고사리 사고가 종종 생길 정도다. 생일은 안 챙겨도 제사는 반드시 제 손으로 챙기는 제주의 제사상에서 고사리는 연중 빠지지 않는 음식이고 제사상 고사리만큼은 내가 딴 고사리를 조상에게 올린다. 전 도민이 4월에 고사리 따러 나서는 이유다. 앞에 캥거루 비닐주머니가 있는 고사리 앞치마도 제주오일장만의 특산품이다. 가파도에서는 청보리축제가 4월 한 달 내내 열린다. 묵은 쌀보다 고운 햇보리 밥이 특히 맛있는 때다.

고사리육개장

고시리전

고사리는 따자마자 끓는 소금물에 살짝 데쳐 찬물에 헹구어 물기를 뺀 다음 통풍 좋은 곳에 널어 말린다. 꾸덕꾸덕해지면 소분해 냉동 보관한다. 전, 육개장, 생선조림의 부재료로 일 년 내내 요긴하다. 고춧가루가 귀했던 제주에서 전통 육개장은 닭이나 돼지를 삶은 물에 고사리와 무를 끓여낸 음식이다. 고깃국 간은 소금보다 집간장이다. 요즘은 고춧가루와 소고기를 쉽게 구할 수 있어 '곱닥하게' 붉은색을 육지식을 육개장으로 친다. 이 역시 제주고사리는 필수다.

논이 없는 제주(아주 조금 있는)에서 보리는 주 양식이다. 물일에, 밭일에 바쁜 엄마가 밥을 지어 큰 낭푼(양푼)에 담아 상 가운데 놓아두면 가족들이 알아서 덜어먹는 가정 뷔페가 제주밥상이다. 낭푼밥상에 빠지지 않는 찬거리는 우영팟(집 마당 텃밭)에서 오늘 딴 야채와 멜젓이다. 밥이 혹시 쉬면 누룩을 섞어 쉰다리를 만든다. 쉰다리는 보리쌀 발효음료인 셈이다. 요즘은 쌀밥을 일부러 지어 누룩(어느 오일장에서도 살 수 있다)을 섞어 물을 자작하게 붓고 상온에 2~3일 내두면 발효가 진행된다.

낭푼밥상

5월 : 만찬

밭과 바다에 봄이 완연해지면 연한 먹거리가 풍성해진다. 미역이 한창(마라도 미역을 알아주고 요즘은 성산, 하도리 바다가 깨끗해 미역이 많이 난다. 이때 해녀들은 해 뜨기를 기다렸다가 입수하여 미역을 채취하고 바닷가에 널어 건조하는 일을 동시에 하느라 가장 바쁜 날을 보낸다)이고 알을 배기 시작한 톳도 제철이다. 마늘, 양파 수확 철이어서 시장에 채 못 나간 비상품은 장아찌로 만들어 일 년 밑반찬을 장만한다. 보들보들한 첫 콩잎으로 고기 한 점 싸 먹으면 별 달린 식당이 부럽지 않다. 자리도 제철이다. 구이용 큼직한 대정 자리를 장만해 냉동 보관하기도 하고 작고 연한 표선 자리는 된장 풀어 제피잎을 넣어 물회를 만든다. 이때 자리젓을 담가두지 않으면 김장 김치 맛이 위태롭다. 화산회토에 뿌리내려 삼다수 먹고 자란 제주차도 첫 녹차가 이때 나온다. 5월은 제주 봄의 생명력을 먹는 달이다.

유기농 제주차

조개죽

자리구이

톳 두부무침

제피썹된장

고사리 돼지고기볶음

양파장아찌   풋마늘 무장아찌

6월 : 손님

서울 다음으로 인기 많은 관광지 제주에서 살다보면 찾아오는 손님들이 많다. 방학 맞은 육지 유학 자녀, 그들의 친구, 친척, 친구. 오는 사람은 한번이지만 맞는 사람은 여름 한철 손님 맞다 훌쩍 지난다. 초여름 밥상 인심은 특히 호박, 햇감자, 소라, 성게, 전복이 제철 별미다.

호박탕시는 호박을 썰어 삶아 소금 간을 한 반찬이다. 파, 마늘 등 갖은 양념을 생략할수록 호박 맛이 난다. 귤밭 돌담 타고 자라는 호박은 보살피지 않아도 주렁주렁 열매가 열리는데 그날 잡은 갈치, 옥돔을 넣어 국 끓이는 데도 요긴하다. 햇감자조림은 집간장과 조청을 넣으면 재료 맛이 더 살아난다. 여름 시삭은 물회의 시작이기도 하니 해산물을 듬뿍 넣은 물회를 집에서 만들어 먹기 시작한다. 삼다수에 된장으로 간을 하고 고추, 마늘 넣어 감칠맛을 더하고 마지막 제피로 풍미를 낸다. 모둠 해산물 물회는 이런저런 식감으로 제주바다를 전부를 느끼게 하지만 제피 한두 잎은 바닷가 야생풀을 다 옮겨온 듯한 강렬한 인상을 오래 남긴다.

소라, 성게, 전복, 해초물회

호박무침

멸치감자조림

옥돔뭇국

호박갈칫국

7월 : 와랑와랑 더운 여름

빛과 열기, 습기로 제주의 여름은 작렬한다. 봄에 우엉팟에 심은 모종이 잡초만큼 무성히 자라 여름 내내 밥상에 신선한 야채를 공급하는 계절이다. 쑥쑥 타고 오르는 돌담 밑의 콩넝쿨도 매일 단백질의 원천이다. 찐 보리밥에 젓갈, 막 딴 야채가 엄마가 눈코 뜰 새 없는 제주의 여름 점심을 책임진다. 송키는 야채의 제주말이고 송키밥상은 제주의 여름 단골 밥상이다. 가끔 비가 오거나 무더워 밭일에서 일찍 돌아온 날이면 별식이 차려지기도 한다. 국산콩 90%는 제주콩일 만큼 제주는 콩 강국이다. 여기에 제주의 국수 사랑(제주의 국수 면은 지역 제조면들이 많다. 국수에서 연수 즉 화산수 반죽은 맛과 질감을 크게 좌우한다)이 보태져 유난히 맛있는 콩국수가 제주에 많다. 전량 일본으로 수출되던 우무도 제주 여름 별미다. 우무모를 툭 체에 내려 냉수에 된장 풀고 물외 나오이 썰어 넣고 마늘 넣고 빙초산(제주할망들의 빙초산 사랑은 못 말린다) 넣어 만든다. 집간장에 콩가루 풀어 만드는 집도 있다. 제주의 모든 국물요리는 집간장과 집된장이 만능이고 콩가루와 메밀가루를 봐가면서 가감한다. 제주멸치 멜조림은 간장, 설탕, 마늘, 고추 넣고 자글자글 끓이는데 멜이 커서 밑반찬이라기보다 요리 같다. 생선조림에도 장콩(메주콩)이 자주 들어가는데 생선 귀할 때는 어른은 생선 먹고 아이들은 콩을 골라 먹었다고 한다. 제주에서 전복죽 안 먹고 가면 여행 무효라는 명성을 만들어낸 주인공은 셰프도 아니고 외식기업도 아닌 해녀들이다. 생전복만 납품해 생활이 불안정하니 전복죽 파는 관광식당을 만들어냈고 제주 전역 해녀의 집이라는 마치 가맹점 같은 식당들을 각 마을마다 꾸려 부가수입 창출에 큰 기여를 한다.

우무냉국

콩국수

우럭콩지짐(조림)

재료

우럭 2마리, 좀콩 100g, 마늘 3쪽, 진간장 4큰술, 설탕 2큰술, 물 2컵

만드는 방법

1 우럭은 비늘과 내장을 손질해서 준비한다. 마늘은 편 썬다.

2 콩은 씻어 물기를 제거한 뒤 팬에 볶는다.

3 냄비에 볶은 콩, 마늘, 우럭을 올린 뒤 양념장을 넣어 조린다.

전복죽

마른멜지짐(조림)

재료

마른 멜 150g, 풋고추 2개, 마늘 3쪽, 간장 3큰술, 설탕 1 1/2큰술,

고춧가루 1작은술, 물엿 2작은술, 물 2컵

만드는 방법

1 풋고추는 어슷 썰고, 마늘은 편 썰어 준비한다.

2 냄비에 마른 멜, 마늘, 간장, 설탕, 고춧가루, 물을 넣어 조린다.

3 국물이 잦아들면 풋고추, 물엿을 넣어 약불에서 5분 정도 조린다.

8월 : 보양

8월 제주해변에는 해녀가 허용하는 두 가지 해산물(기타 해산물 채취는 해녀만의 권한이다)이 제철이다. 보말은 바닷고둥으로 얕은 물 바위에 붙어 있어 쉽게 눈에 띈다. 시장에 가면 할머니들이 부업으로 따온 보말을 싸게 팔고 있어(얼마나 싼지 따보면 안다) 보통 죽을 끓여 먹는다. 보말을 데쳐 살을 발라 손으로 박박 주물러 참기름에 볶은 쌀에 넣어 죽을 끓이면 보말맛과 색이 진하게 난다. 깅이잡이는 이중섭 화백이 제주 피난시절 아이들과 가장 즐기던 놀이다. 담배 은박지 종이에 깅이(작은 게)를 그려놓은 그림도 남겼고 가장 행복했던 순간이었다고 생전 고백했다. 믹서에 갈아서 쌀죽을 끓이거나 조려 밑반찬으로 만든다.

운 좋게 문어 잡은 날 해녀들은 웃음과 자랑이 끊이지 않는다. 다른 해산물과는 달리 문어는 힘이 장사여서 바닷속에서 사투를 벌이는데 숨을 참을 수 있는 2분 30초 이내 결판이 나야 꺼내올 수 있다. 그래서 여름철 문어 한 마리는 귀하기도 하지만 살짝 데쳐 먹으면 그 기운을 다 받는다. 제주에서 오메기(조)는 보리 다음의 주식이었다. 원래 오메기떡도 찹쌀이 아닌 조로 만든 떡이고 오메기술은 제주민속 전통주로 남았다.

한지물회

보말칼국수

갈치조림

삶은 문어   깅이죽

9월 : 추석

음력 8월 초하루 묘제나 시제를 지내는 선대의 묘소에 친척들이 모여 하는 '모듬벌초'는 추석의 시작을 알린다. 왜 제주 송편이 비행접시 모양인지 그 기원을 알 수는 없다. 그러나 반달보다는 보름달 모양이니 보다 한가위답고 상에 쌓기도 좋고 먹기도 좋다.

제주의 대부분 음식은 멋보다는 맛과 실용이 우선이어서 지나친 양념, 고명이 없고 집간장, 집된장만으로 재료 맛을 끌어낸다. 명절 인기 요리 산적 역시 귀한 재료 구하는 게 요리의 80%다. 해녀가 잡은 문어, 소라, 신선한 흑돼지고기를 미리 주문해 소금 간해서 꼬치에 꿰어 지지면 그 별스럽지 않은 조리가 차례상 물리기만을 기다리게 한다.

제주에서 '어머니 빵집'을 모르면 제주 출신이 아니다. 지금은 신제주로 이전했지만 제주시청 건너편 버스정류장 앞의 어머니 빵집은 1985년에 문을 연 제주도 양과자의 시조다. 제주이주민으로 사업을 시작해 언제나 그리운 고향의 어머니 손맛을 기억하며 빵을 만든다고 한다. 차례상에 떡 대신 카스텔라를 올리는 풍습을 만든 제과점이기도 하다. 아직도 제주 읍내 빵집들은 '제수용 빵 팝니다'를 붙여둔다. 제사상에 올리기에 보기 좋게 모양도 반듯하고 무색무미 백설기보다는 카스텔라가 더 맛있으니 맛보지 못하고 돌아가신 조상님에게 올리던 다정한 풍습이다. 제주특산물인 당근으로 만든 당근케이크는 팔리든 안 팔리든 매일 굽는다.

제주송편

당근케이크

소라적(구젱기적)

문어적

돼지고기적

10월 : 덤장

덤장은 밀물 썰물을 이용해 고기를 가두어 잡는 어획 기법인 정치망의 제주어다. 간혹 바닷가 마을에 덤장 용도의 물담(원담)이 지금도 남아 있는 곳이 있다. 어부의 마음은 바다가 듣는다. 용왕님을 믿고 바다에 몸과 가족의 생계를 맡기는 제주어부는 여름철 밤바다를 환히 밝히고 있다. 가까운 바다 한치배, 먼 바다 갈치배의 잠들지 않는 야간 조업이 제주바다는 굳건한 생활터전이라고 알린다. 해녀는 손으로 어업을 한다 해서 나잠어업이라고 하며 같은 문어를 잡아도 어부는 통발 내려 문어를 잡고 해녀는 손으로 잡아야만 한다.

고등어회를 비롯해 오직 제주에서만 가능한 메뉴들이 있다. 당일 냉장 고등어가 아니면 이토록 금방 상하는 생선으로 국을 만들기는 어렵다. 고등어죽은 기름지고 고소한 맛도 맛이지만 제주도민을 총명하게 만들고 크림 한번 안 발라도 탱탱한 피부를 만든 일상식이었다. 고등어추어탕도 흙냄새 없는 감칠맛, 제주고사리의 식감이 한 그릇 요리로 충분하다.

제주 더덕은 포실한 화산회토 덕에 부드럽고 달고 모양 좋게 자란다. 보통 2년 이상 키워 수확한다. 모양도 맛도 향기도 이국적인 양애는 제주 시골집 담에 흔하다. 생으로는 아무런 향과 맛이 나지 않지만 열을 가하면 은은한 생강맛이 난다. 순, 잎, 봉오리로 된장국 끓이거나 장아찌를 만들어 밑반찬으로 올린다.

10미터를 채 날지 못하는 꿩은 총 없이 사람이 쫓아가 잡을 수 있다. 농한기 남자들이 꿩이 주로 서식하는 중산간 오름을 헤매는 동안 여자들은 집에서 조밥을 지어 엿기름을 만들어둔다. 제주에서는 닭만큼이나 꿩요리가 많고 특히 집안 남자 어른들을 위해 꿩엿 하나씩은 장만해두곤 했다. 꿩을 삶아 살을 발라 꿩 삶은 물과 엿기름을 같이 섞어 엿의 농도가 될 때까지 고아낸다. 마른기침에도 좋고 어린이 보신, 체력 보강하느라 만들어 먹던 중산간 보신 음식이다. 요즘은 꿩엿 고는 집이 없는 대신 정관장처럼 포장해 민속 자양강장식품으로 나와 보신이 쉬워졌다.

고등어추어탕

양애장아찌

꿩엿

고등어 보리 리조토

재료

고등어 2마리, 물 8컵, 찰보리 1컵, 양파 1/2개, 마늘 2쪽, 쪽파 10줄기, 생강즙
1작은술, 소금 약간, 식용유 2큰술, 버터 1큰술, 제피열매 장아찌 1/2컵

만드는 방법

1 고등어는 3장으로 떠서 뼈와 살을 분리한다.

2 고등어 살은 소금에 살짝 절여놓는다.

3 냄비에 찬물과 팬에 구운 뼈를 넣어 끓여 육수를 낸다.

4 양파, 마늘은 다져서 준비하고 쪽파는 송송 썬다.

5 팬에 기름을 두르고 양파, 마늘을 볶다가 보리를 볶는다.

6 고등어 육수를 반을 넣어 끓인다. 국물이 잦아들면 나머지 육수를 3~4번
  나누어 끓인다.

7 고등어 살은 팬에 노릇하게 지진 후 반은 으깨서 준비한다.

8 보리가 어느 정도 익으면 으깬 고등어, 쪽파, 생강즙을 넣고 마지막에
  소금, 버터를 넣는다.

9 그릇에 보리 리조토, 구운 고등어를 올린 뒤 제피열매 장아찌를 올린다.

11월 : 농번기

동네 고양이 손이라도 빌어야 할 농번기가 시작되면 집집마다 밥상 차릴 겨를도 없다. 라면이 국수보다 귀했던 시절부터 제주에서는 국수로 끼니를 해결하는 게 오랜 전통이다. 제주 여성치고 국수 못 삶는 사람 없고 행사, 잔치에 밥은 안 먹어도 국수가 빠지면 허전하다. 동네 현지 식당일수록 주 메뉴에 국수가 많다.

고기국수는 특히 일본 돈코츠 라멘의 원조가 누구인지 헷갈릴 정도로 원초적이고 듬직한 맛이 특징이다. 돼지 한 마리를 통째로 삶아야 우러나는 뽀얗고 걸쭉한 콜라겐 덩어리 돼지 국물에 탱탱히 삶아낸 국수를 말아 먹으면 밥 생각이 따로 나지 않는다.

접짝뼛국은 수확과 함께 시작되는 추위를 물리치려 가마솥에 밤새 끓이는 돼지 뼛국이다. 접짝은 갈비뼈를 일컫고 무를 함께 넣어 잡내를 없애고 담백한 단맛이 난다.

재료

접짝뼈 1kg, 무 200g, 쪽파 10줄기, 국간장 약간

육수 재료 물 3L, 마늘 5쪽, 대파 1대, 마른 고추 3개, 통후추 5알, 제피 잎

만드는 방법

1 돼지 접짝뼈는 찬물에 담가 핏물을 뺀다.

2 냄비에 접짝뼈, 육수 재료를 넣고 은근한 불에 3~4시간 푹 삶는다.

3 무는 깍둑 썰고 쪽파는 길게 어슷 썬다.

4 고기가 푹 삶아지면 체에 거른 뒤 접짝뼈를 골라 다시 육수에 담는다.

5 깍둑 썬 무를 넣고 1시간 정도 끓인 뒤 마지막에 국간장으로 간을 한다.

6 그릇에 접짝뼛국을 담고 쪽파를 올린다.

재료

삼겹살 800g, 중면 400g, 소금 약간, 국간장 약간, 식용유 2큰술

육수 재료 양파 1/2개, 마늘 5쪽, 대파 1대, 생강 1/2쪽, 된장 1큰술,
통후추 3알, 물 3L

영양부추겉절이 재료 부추 100g, 고춧가루 1큰술, 간장 1작은술,
액젓 1/2큰술, 다진 마늘 1작은술, 설탕 약간, 참기름 1/2작은술

만드는 방법

1 냄비에 삼겹살과 육수 재료를 넣고 삶는다.(약불에서 40분~1시간)

2 영양부추는 5cm 정도로 잘라주고 겉절이 양념장을 만들어 버무린다.

3 삶은 돼지고기는 꺼내어 한 김 식힌 다음 팬에 노릇하게 지진다.

4 남은 육수는 체에 거른 뒤 소금, 국간장으로 간을 한다.

5 국수는 끓는 소금물에 삶아 찬물에 잘 헹군다.

6 그릇에 면을 담고 돼지고기, 영양부추겉절이를 올린 뒤 육수를 붓는다.

재료

무 800g, 마늘 2쪽, 식용유 2큰술, 멸치 육수 1컵, 참나물 1줌, 양하 장아찌 10개

들깨고추장소스 재료 고추장 200g, 들깻가루 2큰술, 물 200g, 매실청 3큰술, 들기름 2큰술, 식초 1큰술, 간장 약간, 소금 약간

만드는 방법

1 무는 얇게 채 썰고, 마늘은 곱게 다진다.

2 양하 장아찌는 잘게 찢어준다.

3 팬에 기름을 두르고 마늘을 볶다가 무를 넣어 볶는다. 멸치육수를 조금씩 부어가며 볶는다. 마지막에 양하 장아찌를 넣어 볶는다.

4 들깨 고추장 소스 재료를 섞어 소스를 만든다.

5 그릇에 무 국수, 고추장 소스, 참나물을 올린다.

재료

중면 400g, 불린 톳 1컵, 신 김치 1/2컵, 참기름 1작은술, 간장 1작은술, 깨소금 1/2작은술, 마른 멜 20g, 소금 약간, 국간잔 약간

육수 재료 육수용 마른 멸치 40g(15마리), 다시마 (5x5cm) 3장, 대파 1대, 마른 고추 3개, 통후추 5알, 물 3L

만드는 방법

1 냄비에 육수 재료를 넣어 멸치 육수를 우린 다음 체에 거른다.

2 신 김치는 살짝 씻어서 채 썬 뒤 불린 톳, 참기름, 간장, 깨소금으로 간을 한다.

3 마른 멜은 낮은 온도의 기름에 바싹하게 튀긴다.

4 국수는 끓는 소금물에 삶아 찬물에 잘 헹군 뒤 그릇에 담는다.

5 면 위에 톳 무침, 멜 튀김을 올리고 마지막에 간을 한 멸치육수를 붓는다.

12월 : 추수

낭푼밥상은 집에 있는 모든 반찬을 상에 차려놓고 밥을 양푼에 담아 가운데 놓으면 식구들이 둘러앉아 각자 덜어 먹기도 하고 오며 가며 스스로 챙겨 먹는 가정 뷔페 밥상이다. 해 뜰 때부터 해 질 때까지 바쁜 엄마가 고안해낸 선진 밥상이기도 하다.

정작 엄마는 점심을 밭에서 해결한다. 해 지는 것도 아까운데 밥 먹으러 집에 들어오는 시간은 금이다. 밭 도시락은 김치, 젓갈, 삶은 나물, 밑반찬, 밥, 된장을 집에 있는 대로 챙겨간다. 누군가 어여쁜 도시락을 싸주면 그날 하루 행복으로 충분하고 남는다.

농촌에서 막걸리는 술이라기보다 요기고 소화를 돕는 반주다. 특히 제주막걸리는 멸균을 하지 않고 냉장 유통하여 유산균이 살아 있고 부드러운 천연 기포가 다른 막걸리와는 확연히 다르다. 한라산에서 내려오는 맑은 물을 사용하니 맛이 좋다는 생산자의 자부심이 그대로 느껴진다. 1988년 8개 양조장이 모여 제주합동양조주식회사로 창립, 2011년 제주막걸리로 상호를 변경하여 현재 도내에서 가장 사랑받는 도민주이자 관광객이 꼭 맛봐야 할 관광술로 자리 굳혔다. 특히 초록색 뚜껑은 우리 쌀을 재료로 사용해 더 맛있게 느껴진다.

밭도시락

제주막걸리

배추 보리밥쌈, 참나물 쪽파 보리밥쌈 재료

배추, 참나물, 쪽파, 찰보리, 참기름, 소금

만드는 방법

1 보리밥을 고슬고슬하게 지은 뒤 참기름, 소금으로
  간을 한다.

2 배추, 쪽파는 끓는 소금물에 데친 후 찬물에 헹궈
  물기를 꼭 짠다.

3 데친 배추에 보리밥을 올린 후 돌돌 말아 쌈밥을
  만든다.

4 참나물에 보리밥을 올린 후 데친 쪽파로 감싼다.

지실 풋고추 지짐(감자 풋고추 조림) 재료

감자 3개, 풋고추 1개, 마늘 2쪽, 식용유 약간

조림양념 재료 양념간장 1큰술, 설탕 1큰술, 물 1

컵, 물엿 1큰술, 참기름 약간

만드는 방법

1 감자는 껍질을 벗기고 한입 크기로 썬다.

2 풋고추는 어슷 썰고, 마늘은 편 썰어 준비한다.

3 자른 감자는 끓는 소금물에 넣고 삶아 건진다.

4 냄비에 삶은 감자, 조림 양념을 넣고 조린다.
  수분이 거의 없어지면 마늘, 풋고추, 참기름, 물엿
  을 넣은 뒤 고루 섞어준다.

감저(차조 고구마)밥 재료

차조 2컵, 고구마 2개, 물 3 1/2컵

만드는 방법

1 차조는 씻어서 준비하고 고구마는 길게 토막 썬다.

2 냄비에 먼저 물과 고구마를 넣어 끓인다. 끓기
   시작하면 차조를 넣어 익힌다.

배추나물무침 재료

배추 150g, 된장 1/2큰술, 다진 마늘 1/2작은술,
다진 파 1/2작은술, 참기름 약간, 깨소금 약간, 소금 약간

만드는 방법

1 배추는 끓는 소금물에 넣고 데친 후 찬물에
   헹구어 물기를 꼭 짠다.

2 데친 배추에 양념을 넣어 무친 후 마지막에
   참기름을 넣는다.

제사 음식
: 죽은 자를 위한 산 자의 음식

제주에서 제사는 만사의 우선이다. 부모가 돌아가시면 내가 일하는 밭 가운데 묻어 매일 안부를 전하는 사람도 흔하고 아무리 중요한 일이 있어도 제사가 있다면 빠질 수 있다.

매년 제삿날을 마치 장례식처럼 정중히 지킨다. 전날부터 장 보고 낮부터 음식을 시작해 한밤에 시작되는 제사의 상차림은 제주에서 나는 제철 음식 중 최상품만 상에 올리니 정작 살아 있는 가족들의 만찬 날인 셈이다. 마을마다, 집집마다 차리는 음식은 조금씩 다르고 부모 자식 부부가 다 일을 하니 제사 음식 일절을 주문할 수 있는 식품점도 많다. 제주의 제사는 장자의 전유물이 아니라 형제 수대로 공평히 분배해 돌아가며 지낸다.

돼지고기적

소고기적

콩나물무침 / 미나리무침 / 고사리무침 / 봇지

* 제사 음식 위에 올린 전을 봇지라 부른다.
  괴나리 '봇짐'처럼 남은 음식 싸가란 의미다.

표고버섯전 / 두부적 / 어전 / 봇지

맛있는 제주말
시장 회화 ㄱㄴㄷ

* 맛 좋다 : 맛있다

* 이게 무신 맛이고? 원 맛없다 : 맛없다

* 맨도롱또똣하다 : 먹기 좋게 따뜻하다

* 서넝하다 : 시원하다

* 배지근하다 : 기름지다

* 곱닥하다 : 모양이 온전하고 보기 좋다

* 아 떼불라 : 아 뜨겁다

* 게민 하꼼부쳐줍서 : 가격은 드릴 테니 덤으로 조금 더 주세요

* 경허라. 요건 뽀지여 : 그래라. 이건 서비스다

* … 맛존디 어디우꽈 : … 맛있는 데가 어디에요?

* 보곰지서 무싱거 멀어졈서, 미싱건고? : 주머니에서 뭐가 빠졌어요. 뭐예요?

* 송키 포는딘 어느 펜이웅꽈? : 채소 파는 곳은 어디입니까?

* 하쏠 나려줍서 게메이 : 가격을 좀 깎아주세요

* 이거 얼마우꽈? 요거 만원인디이 : 이거 얼마에요? 이거 만원이에요

* 삼춘, 나왔수다. 펜안합데강 / 기여게 느도 밥은 먹언댕겸샤?

  : 어르신(아줌마 포함), 저 왔어요. 잘 지내세요? / 그래 너도 밥은 잘 먹고 다니니?

* 개기 봉그라. 문드리지 말아 : 빨리 담아. 잊어버리지 말고

* 아이고 고맙우다양. 찰찰 문드리지말앙 댕기라 : 아이구 고맙다. 흘리지 말고 잘 챙겨라

ⓘ 전통시장 정보

제주전통시장 콜센터 1588-0708

제주전통재래시장 공식 쇼핑몰 http://market.jeju.kr

동문시장 고객지원센터 제주특별자치도 제주시 관덕로14길 20

별미제주

: 제주시장 노닐기

2017년 6월 20일 초판 1쇄 발행

지 은 이 · 박현정

펴 낸 이 · 이동은

편   집 · 박현주

펴 낸 곳 · 버튼북스

출판등록 · 2015년 5월 28일(제2015-000040호)

주   소 · 서울특별시 동작구 현충로 151, 109-201

전   화 · 02-6052-2144

팩   스 · 02-6082-2144